艺术与设计系列

INTERIOR
DECORATIVE MATERIALS
& CONSTRUCTION TECHNOLOGY

室内装饰材料
与施工工艺

葛春雷 主编

周子良 汤留泉 参编

中国电力出版社
CHINA ELECTRIC POWER PRESS

内 容 提 要

　　本书共分为九章，第一章详细介绍了装饰材料与施工工艺的基本性质，之后分别对装饰材料的种类、特性、选购方法及施工方法进行了全面的描述，重点介绍了需要掌握的施工原则与方法。以循序渐进的方式向读者表述本书内容，让读者对室内装饰材料与施工有全新的认识，而且还引入了新型材料与施工方法，具有很强的实用性。

　　本书适用于高等院校环境设计、建筑装饰等相关专业作为教材，同时也适合装饰装修设计、施工人员参考阅读。

图书在版编目（CIP）数据

室内装饰材料与施工工艺 / 葛春雷主编. —北京：中国电力出版社，2020.1（2024.1重印）
　（艺术与设计系列）
　ISBN 978-7-5198-3720-4

　Ⅰ.①室… Ⅱ.①葛… Ⅲ.①室内装饰－建筑材料－装饰材料②室内装饰－工程施工 Ⅳ.①TU56②TU767

　中国版本图书馆CIP数据核字（2019）第205603号

出版发行：中国电力出版社
地　　址：北京市东城区北京站西街19号（邮政编码100005）
网　　址：http://www.cepp.sgcc.com.cn
责任编辑：王　倩　乐　苑　（010-63412607）
责任校对：黄　蓓　常燕昆
责任印制：杨晓东

印　　刷：北京盛通印刷股份有限公司
版　　次：2020年1月第一版
印　　次：2024年1月北京第七次印刷
开　　本：889毫米×1194毫米　16开本
印　　张：12
字　　数：355千字
定　　价：68.00元

前 言
PREFACE

近年来，随着经济的不断增长，人们对环境艺术的要求逐渐提高，装饰材料与施工工艺也越发重要。其通过平面和空间透视、错觉、光影、反射和色彩变化等原理及物质手段创造出预期的格调和环境气氛。此外，各种材料、设备、结构和施工相互配合应用，可发挥不同材质的对比效果和结构特性，再加上声、光、电和风的协调等，使装饰设计提升到新的高度。

我国装饰装修材料已建成初具规模、品种门类较齐全的工业体系，装饰材料档次和配套水平显著提高，以质量、水平、档次为核心，以无毒、低毒、阻燃、防火、节能、节水、代钢、代木为重点，正在发展效益好、技术含量高、有出口前景、附加值高的新型装饰装修材料。

新型材料的研制不但有益于更好地进行装修设计、装扮室内环境，也有利于节约国家能源、保护生态环境，在有益身心健康的同时，也便捷了人们的生活，解决了一些生活上的问题。

装饰材料的发展速度很快，门类复杂，鉴别与应用装饰材料是当今装修从业者必备的基本技能。自从进入环境艺术设计这一专业，本人就在不断地学习装饰材料与施工构造，开始是阅读关于装饰材料的书籍，其后是收集装饰材料样本，最后将领悟的内容运用到学习和工作中，希望能给设计师与青年学生提供一部相对完整的参考资料，使大家能全面、深入地了解材料与构造，并灵活运用到设计、施工实践中去。

如何识别、选购、应用材料是一个复杂困难的过程，甚至粗略了解都需要花费大量的精力。同样，装修施工具有较高的技术含量，全程参与人员多，施工工艺复杂多样，非专业人士很难完全理解和掌握。

本书共分为九章，从室内装饰材料与施工的基础概念到成品板材、装饰石材、陶瓷、玻璃、壁纸、地毯、窗帘、油漆涂料、防水材料、防火材料、防锈材料、水电材料及五金型材的选购与施工方法，都依次进行了具体且细致的讲解。不同施工对应相应材料进行了详细的讲解，并配置构造分解图和施工步骤图，针对图片进行详解。系统地介绍装饰材料从选材到施工的详细内容，紧跟装饰材料的发展趋势及先进的施工工艺，使其适用性较强并易于理解。

本书在编写中得到以下同事、同学的支持，感谢他们为此书提供素材、图片等资料。汤彦萱、万丹、董豪鹏、曾庆平、杨清、万阳、张慧娟、彭尚刚、黄溜、张达、童蒙、柯玲玲、李文琪、金露、张泽安、湛慧、万财荣、杨小云、吴翰、董雪、丁嘉慧、黄缘、刘洪宇、张风涛、杜颖辉、肖洁茜、谭俊洁、程明、彭子宜、李紫瑶、王灵毓、李婧好、张伟东、聂雨洁、于晓萱、宋秀芳、蔡铭、毛颖、任瑜景、吕静、赵银洁。

本书配有课件文件，可通过邮箱493056590@qq.com获取。

编者

目 录
CONTENTS

第一章

装饰材料与施工概述

识读难度： ★★☆☆☆

核心概念： 装饰材料概述、装饰施工概述

章节导读： 现代装饰材料门类丰富、品种齐全，在很大程度上简化了设计与施工工艺难度，但同时又加大了认识材料的难度。装饰材料与施工是现代装饰设计、施工的技术基础，任何装饰工程都要使用装饰材料，并通过施工来达到预期的设计效果。装饰施工需要设计师将装饰设计的创意构思通过详细的施工图纸准确无误地表达出来，在施工中，需要将一些初步设计没有考虑到的因素都归纳进来，如不同工种之间的协调关系、具体材料的选用与连接、细部尺寸的量化，以及施工的方式方法等，都要一一考虑。

第一节　什么是装饰材料

一、装饰材料概述

1. 定义

装饰材料是指直接或间接用于装饰设计、施工、维修中的实体物质成分，通过这些物质的搭配、组合能创造出适宜使用的环境空间。现代社会的物质与经济发展很快，不断为装饰材料注入新概念、新产品，材料所涉及的范围也在不断拓宽。传统的装饰材料按形态来定义，主要分为五材，即实材、板材、片材、型材和线材五个类型。这些材料今天虽然仍在使用，但是现代工业的新技术、新工艺又派生出不同新型材料，如真石漆、液体壁纸等，这些新型材料大大突破了传统观念（图1-1～图1-5）。

2. 分类

现代装饰材料的发展速度异常迅猛，种类繁多，各类新型产品层出不穷，而不同的装饰材料用途不同，性能也千差万别，了解装饰材料的分类，可以帮助我们更好地进行材料的选用。

（1）按材料的材质分类。依据材质划分，装饰材料主要可以分为有机高分子材料，如木材、塑料、有机涂料等；无机非金属材料，如玻璃、天然石材、瓷砖、水泥等；金属材料，如铝合金、不锈钢、铜制品等；复合材料，如人造石、彩色涂层钢板、铝塑板、真石漆等（图1-6～图1-9）。

图1-1	图1-2	
图1-3	图1-4	图1-5
图1-6	图1-7	

图1-1 实材：粉煤灰砌块

粉煤灰砌块是一种能源回收再利用的绿色环保砖块，使用频率较高。

图1-2 板材：胶合板

胶合板是家具常用材料之一，也是人造板材三大板之一，能提高木材利用率。

图1-3 片材：PS片

PS片即塑料片，色彩丰富，质量轻，拥有一定的硬度，使用频率也较高，价格比较适中。

图1-4 型材：成品纤维板护角

成品纤维板护角粘结紧密，颜色、样式都比较丰富，质地较好，目前使用范围较广。

图1-5 线材：电线

电线是电路工程的基础材料，选购时一定要慎之又慎，要选择带有合格证的品牌电线，购买后的储存工作也需要格外注意，避免电线受潮。

图1-6 有机高分子材料：有机涂料

有机涂料是以高分子化合物为主要成膜物质并将其涂抹于物体表面，使其形成一层附着坚牢的涂膜的涂料。

图1-7 无机非金属材料：天然石材

天然石材具有十分独特的纹理，在日常使用过程中仍然需要进行打蜡等护理，需要注意的是天然石材有一定的辐射。

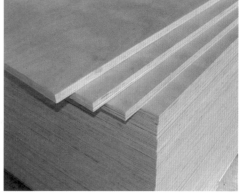

（2）按材料的燃烧性分类。按照材料的燃烧性可以将装饰材料分为A级材料、B1级材料、B2级材料和B3级材料（图1-10～图1-13）。

1）A级材料。即具有不燃性，在空气中遇到火或在高温作用下不燃烧的材料，如天然石材、金属、玻化砖等。

2）B1级材料。即具有很难燃烧性，在空气中受到明火燃烧或高温热作用时难起火、难微燃、难碳化，当火源移走后，已经燃烧或微燃烧立即停止的材料，如装饰防火板、阻燃墙纸、纸面石膏板、矿棉吸音板等。

3）B2级材料。即具有可燃性，在空气中受到火烧或高温作用时立即起火或微燃，将火源移走后仍继续燃烧的材料，如木芯板、胶合板、木地板、地毯、墙纸等。

4）B3级材料。即具有易燃性，在空气中受到火烧或高温作用时迅速燃烧，且火源移走后仍继续燃烧的材料，如油漆、纤维织物等。

（3）按材料的使用部位分类。装饰材料按照使用部位主要可以分为外墙装饰材料，如天然石材、玻璃制品、水泥制品、金属、外墙涂料等；内墙装饰材料，如陶瓷墙面砖、装饰板材、内墙涂料、墙纸墙布等；地面装饰材料，如地板、地毯、玻化砖等；顶棚装饰材料，如石膏板、金属扣板、硅钙板等（图1-14、图1-15）。

图1-8 金属材料：不锈钢

不锈钢耐空气、蒸汽和水等弱腐蚀介质，且具有良好的不锈性和耐热性能。

图1-9 复合材料：真石漆

真石漆是一种装饰效果酷似大理石的涂料，色泽自然且具有天然石材的质感。

图1-10 A级材料：玻化砖

玻化砖是由石英砂与泥高温烧制而成的，一般呈弱酸性。

图1-11 B1级材料：纸面石膏板

纸面石膏板的主要原料是建筑石膏，隔热效果比较好，也很耐火。

图1-12 B2级材料：地毯

地毯是以棉、麻、毛、丝、草纱线等天然纤维或化学合成纤维为原料，易燃烧。

图1-13 B3级材料：纤维织物

纤维织物由多种高分子化合物结合而成，质地细腻，燃点低，且持续燃烧时间长。

图1-8	图1-9
图1-10	图1-11
图1-12	图1-13

图1-14 玻璃幕墙

玻璃幕墙由大量玻璃制品组成，透光性和装饰性都十分不错，吸热性也很强。

图1-15 墙布

墙布是裱糊墙面的织物，装饰性很强，花样十分丰富，多以几何和花卉图案为主。

图1-16 板材

板材的长、宽尺寸大致都已经统一，但厚度不同，不同厚度的板材可适用于不同的情况，其价格相应地也会有所变化。

图1-17 纤维板雕刻窗花

在纤维板上雕刻窗花是采用切割机或雕刻机将木质纤维板加工成带有花纹图案的板材，成本低廉且效果独特。

图1-18 浅色墙面与深色地板应用

墙面乳胶漆一般选用浅米色、白色等明快的颜色，地板则选用棕色、褐色等深重的颜色，这些颜色搭配起来会给人一种稳定、祥和的空间感受。

图1-14 | 图1-15
图1-16 | 图1-17 | 图1-18

（4）按材料的商品形式分类。装饰材料还可以按照商品形式来划分，主要分为成品板材、陶瓷、玻璃、壁纸织物、油漆涂料、胶凝材料、金属配件和成品型材等。这种分类形式最直观、最普遍，是目前各种装饰材料市场的销售分类，为大多数专业人士所接受。

3. 特征

装饰材料的品种很多，不同品种具有不同特性，这也是选用装饰材料的基本原则，装饰材料的特性主要集中在以下几个方面。

（1）形状尺寸。任何装饰材料都要被加工成预定的形状与尺寸，以满足快捷销售、运输、使用的需求。现代装饰设计与施工追求高效率，对装饰材料的形状尺寸都有特定的要求。例如，木质材料要求被加工成2400mm×1200mm×15mm的板材，或被加工成长度为3、6m的方材，这样才便于统一定价并进一步加工，最终达到提高装修效率的目的（图1-16）。

（2）花纹图案。装饰材料还具有一定的装饰性，大部分装饰材料都会在材料上制作出各种花纹图案，这些花纹各异、色彩斑斓的图案很好地增加了材料的美观性和装饰性，在生产或加工材料时，还可以利用不同工艺将材料加工成其他具有设计特色的花纹图案，以此来进一步提高材料的审美特性，达到一种或粗糙、或细致、或光滑、或凹凸等的视觉质感（图1-17）。

（3）色彩。色彩反映了材料的光学特征，装饰材料的色彩会直接影响设计风格与氛围，而人眼对颜色的辨认是出于某种心理感受，不同的颜色会给人以不同的心理感受，且不同的人又会对同一颜色产生不同的感受，因而色彩的搭配不同，最后所呈现出来的视觉效果也会有所不同（图1-18）。

图1-19 新型三维扣板

新型三维扣板作为近几年新出现的装饰材料，除去材料本身带来的装饰感外，耐用性也比较好。

图1-20 金属吊顶扣板

金属吊顶扣板因其组成元素的关系，整体吊顶扣板具有很好的耐磨性和耐腐蚀性，实用性较强。

图1-21 油漆

优质的油漆光泽亮丽，在阳光的照射下更显美丽，呈现流质状时色泽也比较纯净。

图1-22 壁纸

壁纸种类繁多，表面光滑、触感良好、视觉效果好的壁纸更加受公众喜爱。

图1-23 玻璃采光顶棚

玻璃采光顶棚在目前运用比较广泛，大面积的透光使得室内照明环境更环保，也更有意境。

图1-24 灯箱

灯箱具有一定的装饰性，所采用的材料都具备一定的透明性，以便更好地将灯箱内的内容展示出来。

图1-19	图1-20
图1-21	图1-22
图1-23	图1-24

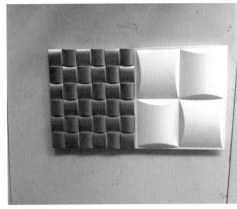

（4）使用性能。装饰材料还应具备基本的使用性能，如耐污性、耐火性、耐水性、耐磨性、耐腐蚀性等，这些基本性能可保证材料在使用过程中经久常新，保持其原有的装饰效果。此外，现代新型装饰材料还要求具备节能环保功能，强调再生并可重复利用的特性，如金属吊顶扣板，这也能进一步提升装饰材料的价值（图1-19、图1-20）。

（5）光泽。光泽是材料表面的质地特性，它对材料形象的清晰程度起着决定性作用。装饰材料表面越光滑，则光泽度越高，能够给人带来一种华丽、干净的视觉效果，如油漆、金属材料等；装饰材料表面越粗糙，则光泽度越低，能给人带来一种稳重、厚实的视觉效果，如地毯、壁纸材料等（图1-21、图1-22）。

（6）透明性。透明性是指光线通过物体所表现的穿透程度，如普通玻璃、有机玻璃板等可以透视的装饰材料，透明或半透明材料主要用于需要透光的空间或构造中，如窗户、灯箱、采光顶棚等，在给人带来光亮的同时，还具备阻隔空气、潮湿的作用（图1-23、图1-24）。

二、装饰材料功能与选购

1. 功能

装饰装修的目的是美化建筑环境空间，保护建筑的主体结构，延长建筑空间的使用年限，营造一个舒适、温馨、安逸、高雅的生活环境与工作场所。目前，装饰材料的功能主要表现在以下3个方面。

（1）使用功能。装饰材料应该根据装饰部位的具体情况，具备一定的使用要求，需要能改善空间环境，给人以舒适感。不同部位与场合使用的装饰材料及构造方式应该满足相应的功能需求（图1-25～图1-27）。

（2）保护功能。建筑在长期使用过程中会受到日晒、雨淋、风吹、撞击等自然气候或人为因素的影响，会造成建筑的墙体、梁柱等结构出现腐蚀、粉化、裂缝等现象，从而影响室内空间的使用寿命，这就要求装饰材料具备较好的强度、耐久性、透气性、改善环境等持久性能（图1-28、图1-29）。

（3）装饰功能。装饰工程最显著的效果就是满足室内的装饰美感，室内各基层面的装饰都是通过装饰材料的质感、色彩、线条样式来表现的，一个优质的装饰材料必定拥有良好的装饰功能，并能通过其他材料来改变自身的装饰效果，以此来强化人的视觉印象（图1-30～图1-32）。

2. 选购

选择装饰材料要把握好材料的应用方式与价值，一味使用传统材料的确可以轻车熟路，但长此以往就会缺乏创新精神，使环境空间的设计毫无生气，突破常规选用新材料才是解决问题的关键。合理运用装饰材料要分清本末与主次，在大多数装饰界面上可以选用常规材料，在细节表现上可以适当选用时尚、别致的新型材料。

图1-25 | 图1-26 | 图1-27
图1-28 | 图1-29
图1-30 | 图1-31 | 图1-32

图1-25 装饰材料的使用功能

地面铺设实木地板，可起到保温、隔声、隔热的作用，保证上下楼层之间杂音互不干扰，提高生活质量。

图1-26 庭院地面铺装

庭院地面铺设粗糙的天然石板与鹅卵石有助于行走时按摩脚底，同时具备防滑排水的作用。

图1-27 墙、地砖铺装

卫生间铺设墙、地砖可以有效防水，店面外墙挂贴磨光石材也能有效保持墙面干净、整洁。

图1-28 卫生间铺贴瓷砖

在卫生间墙地面铺贴瓷砖，可减少卫生间潮气对水泥墙面的侵蚀，保护建筑结构。

图1-29 墙面涂刷乳胶漆

适当的装饰材料能提高建筑的耐久性，墙面涂刷乳胶漆能有效地保护水泥不被腐蚀。

图1-30 天然石材铺装地面

用于地面铺装的天然石材不经过加工打磨就没有光滑的质感，只有经过表面处理后，才能表现其真实的纹理与色泽。

图1-31 原木构造门窗

普通原木非常粗糙，但是经过精心刨切之后，所形成的板材或方材就具备了很强的装饰性，可用于构造门窗。

图1-32 不锈钢饰边发光字

金属材料昂贵，配置装饰玻璃或有机玻璃后，用到精致的细节部位才能体现其自身的价值，不锈钢饰边发光字能够通过材料具有的装饰功能来更细致地展现文字内容。

图1-33 服装店大门

对于空间宽大的大堂、门厅，装饰材料的表面组织可粗犷而坚硬，并可采用大线条的图案，以突出空间的气势。

图1-34 客厅

对于相对窄小的空间，如客厅、居室等，就要选择质感细腻、美观、大方且体型轻盈的材料。

图1-35 厨房装饰材料

厨房的墙面砖应该选择优质砖材，能满足防火、耐高温、遇油污易清洗的基本功能，不宜选择廉价材料。

图1-36 低层建筑装饰材料

1~2层的建筑室内光线较弱，应该选用色彩亮丽、明度较高的饰面材料，这样整体配比感也会很不错。

图1-37 木线条样本

在选购木地板时要考虑到特殊色泽的木地板是否能在市场上找到相配的踢脚线。

图1-38 橱柜拉手配件

在选购成品橱柜时要考虑到成品橱柜内的构件是否能在市场上找到相应的更换品等。

图1-39 墙面砖脱落

在选购墙面砖时要考虑到廉价、劣质的水泥砂浆及防水剂可能会造成的墙面砖破裂、脱落等状况。

图1-33	图1-34	
图1-35	图1-36	
图1-37	图1-38	图1-39

（1）从材料外观选购。装饰材料的外观主要指材料的形状、质感、纹理、色彩等方面的直观效果，材料的形状、质感、色彩和图案应与空间氛围相协调，而合理利用装饰材料的外观效果也能使环境空间显得层次分明、精致美观（图1-33、图1-34）。

（2）从材料功能性来选购。选择装饰材料应该结合使用场所的特点来考虑，保证这些场所具备相应的功能。室内所在的气候条件，特别是温度、湿度、楼层高低等情况，对装饰选材有着极大的影响，例如，南方地区气候潮湿，应当选用含水率低、复合元素多的装饰材料；而北方地区或高层建筑与之相反。此外，不同材料有不同的质量等级，用在不同部位应该选用不同品质的材料，例如，卫生间需要采用防水性能和防滑性较好的饰面砖；而阳台、露台使用频率不高，地面可选用经济型饰面砖，在选购时要格外注意（图1-35、图1-36）。

（3）从材料搭配上考虑。选用装饰材料时，还应该从配套的完整性以及基层材料的搭配来综合考虑材料的选用，认真比较主材与各配件材料之间的连接问题，对同类材料进行多方比较，寻找最合理的搭配方式（图1-37、图1-38）。

（4）从材料价格考虑。目前，装修费用一般占建设项目总投资的50%～70%，装饰设计应从长远性、经济性的角度来考虑，充分利用有限的资金取得最佳的使用效果与装饰效果。材料的价格关系到投资者与使用者的经济承受能力，在选择过程中要做到货比三家，根据实际情况选择材料的档次（图1-39）。

第二节　怎样进行装饰施工

一、装饰施工的要素和类型

1. 施工要素

施工是使用装饰材料对室内空间进行装饰装修的做法，它是以装饰材料为物质媒介，以施工工艺为技术支持的专业学科。施工首先需要解决承重、抗压等物理问题；其次选择适当的操作手段，在经济、高效、集约的前提下完成施工，最终满足人们的使用需求与审美意识。

（1）功能因素。装饰施工应该满足人们日常生活、工作的要求，并提供舒适的空间环境，这种要求对装饰工程的影响明显，且不同的材料会呈现出不同的构造工艺，最终的装饰效果也截然不同（图1-40、图1-41）。

（2）安全因素。装饰施工与设计是否合理，直接关系到环境空间的使用安全，装饰工程一旦竣工并投入使用，就很难让它停止运转，如果存在安全隐患，就会给我们的生活、工作带来不必要的损失。首先，必须处理好装饰结构与建筑主体的关系，由于装饰材料大多依附在建筑主体结构上，所以必须先确定主体结构是否能承受得住这些附加荷载；其次，要将附加荷载通过合适途径传递给主体结构，避免在装饰过程中对主体结构产生破坏，如钢结构楼板、顶棚的构造设计（图1-42）。

（3）材料因素。装饰装修工程的质量、效果与经济性在很大程度上取决于对材料的选择是否合理，我国地大物博，各地区都有丰富的、具有特色的建筑装饰材料，因此，利用产地优势，就地取材，是创造装饰设计特色的有效渠道。

一般中低档价格的装饰材料普及率较高，而高档装饰材料，特别是名贵装饰板材，在装饰施工中一般起点缀作用，常用于重点部位，高档装饰材料的运用在于构思与创意，简单堆砌并不能营造良好的环境氛围，中低档装饰材料只要搭配合理，也能达到雅俗共赏的装饰效果（图1-43、图1-44）。

图1-40 | 图1-41 | 图1-42
图1-43 | 图1-44

图1-40 墙体隔音材料

吸音材料种类繁多，一般会议室、报告厅、KTV包房等为了保证隔音效果，都会在墙、顶面装饰构造中加入适当的吸音材料。

图1-41 踢脚线

木地板铺设的墙角处存在缝隙，容易被灰尘污染，需要设计踢脚板来遮掩，既能保洁，又能保护墙角与地板边缘不被磨损。

图1-42 钢结构顶棚

目前钢结构顶棚一般会出现在大型的工厂中，这类顶棚的钢材是裸露在空气中，需要注意做好防锈处理。

图1-43 名贵饰面板材样本

饰面板的样本可以让我们清楚地看到木材的纹理，并能感受到表面触感，也会更方便选择合适的板材。

图1-44 名贵木材地板样式

地板的样式可以反映出它的价格、所选用的材料、所适用的空间等。

（4）技术因素。构造的细部设计能为正确施工提供可靠的依据，只有将细部构造表达清楚，施工操作才能准确无误。施工也是检验构造设计合理与否的主要标准，设计师需要深入施工现场，了解最新的施工工艺与技术，并结合现实条件构思设计，这对于保证工程质量、缩短工期、节省材料、降低造价有着十分重要的意义（图1-45、图1-46）。

（5）经济因素。坚持少就是多的原则，施工构造不仅要解决各种不同装饰材料的使用问题，还要考虑这些材料的经济价值，要在现有的经济条件下，创造出经济实惠的装饰效果（图1-47）。

2. 施工类型

（1）基础施工。在装修工程中，基础施工一般采用螺钉、膨胀螺栓等高强度连接件固定，或采用绑扎、焊接、铆接等方式固定，材料厚实，机械强度高，除了讲究材料质量，还要尽量减少构造的体积与重量，避免占用过多空间，或造成开销过大。

基础施工又包括基层构造、骨架构造，是装修施工构造的最内层结构，主要起到固定、承载、强化整个装修构造的作用。由于大多数基础结构都被外部饰面材料遮挡，因此，一般采用强度较高、较厚实的木质、金属材料制作。此外，基础施工构造能将外部所有装饰构造全部连接到建筑结构上，使其与建筑物保持紧密接触（图1-48、图1-49）。

（2）饰面施工。饰面施工又称为覆盖施工，是指覆盖在建筑构件表面，起到保护与美化作用的构造，饰面施工要处理好装饰构造内外连接的方法，它在装饰构造中占有很大比例，具有很强的代表性。

1）罩面施工。罩面类饰面施工分为涂刷与抹灰两种。涂刷饰面是指将建筑涂料涂敷于构件表面，并能与基层材料很好地粘接成完整的保护膜；抹灰饰面是建筑物中用以保护与装饰主体工程而采用的最基本的装饰手段之一，根据部位的不同可将其分为外墙抹灰、内墙抹灰、顶棚抹灰（图1-50）。

图1-45 石材铺装施工

石材铺装前需要检查所用的石材尺寸是否一致，铺装完成后要用木锤将石材夯实，增加其牢固程度。

图1-46 外墙铺装

外墙铺装瓷砖时要注意及时做好润湿工作，铺贴要对齐砖口和砖沿，铺贴完成后要记得对其表面进行清理，填缝需仔细。

图1-47 简约的橱窗

橱窗虽然使用了低档的装饰材料，但通过精湛的施工构造可获取丰富的装饰效果，创造出令人满意的环境空间。

图1-48 型钢结构焊接楼板

型钢结构焊接楼板必须先在承重墙或混凝土立柱上安装型钢骨架，再采用膨胀螺栓连接或焊接，一定要保证各规格钢材能安全连接。

图1-49 木地板龙骨上铺装防潮毡

在标准装饰构造中铺设实木地板时，要在木龙骨上铺垫木芯板，对于潮湿的安装环境，还需要增加防潮毡。

图1-45 | 图1-46 | 图1-47
图1-48 | 图1-49

图1-50 内墙抹灰找平

内墙抹灰找平是为了后期更好地进行涂刷乳胶漆或者铺贴墙纸等工作，施工前需要清洁基层并洒水润湿。

图1-51 钉接木线条

钉接木线条一般会采用专用的钉接工具，钉接孔洞之间的孔距要控制好，所选用的钉子也要尺寸一致。

图1-52 玻化砖挂钩

玻化砖挂钩施工难度较高，危险系数也较大，但比较节省材料。

图1-53 亚克力文字招牌

亚克力材料可以塑造成各种灯箱、招牌，样式美观，创意十足。

图1-54 切割板材

比较薄的板材可以直接使用美工刀进行切割，较厚的板材则需要使用切割机。

图1-55 花岗岩砌筑花台

花岗岩具有超强的硬度，纹理比较美观，使用花岗岩砌筑的花台同时具备了美观性和承重性。

图1-50	图1-51	图1-52
图1-53	图1-54	图1-55

2）贴面施工。贴面施工非常丰富，主要有铺贴、裱糊、钉接。铺贴施工常用的材料为瓷砖，为了加强黏接力，常在砖体背面用水泥砂浆或专用胶黏剂涂抹并粘贴在墙面上；裱糊施工的材料呈薄片或卷材状，如壁纸、墙布、绸缎、防潮毡、橡胶板或各种塑料板材等；钉接施工一般采用自重轻或厚度小、面积大的板材，如木制品、金属板、石膏板等，可以钉固于基层或加助压条、嵌条、钉头等固定（图1-51）。

3）钩系施工。钩系施工主要有钩挂与系挂两种。钩挂用于较厚的石材、玻化砖或混凝土板块，厚度一般在30mm以上，采用成品金属挂钩将侧面开有凹槽的板材挂接在结构层上，无需使用胶凝材料黏接；系挂常用于较薄的石材或人造石等材料，厚度为20~30mm，在板材上方的两侧钻小孔，用铜丝、钢丝或镀锌铁丝将板材与结构层上的预埋铁件连接，板与结构间灌砂浆固定（图1-52）。

（3）配件施工。配件施工又称为装备施工，是指通过各种加工工艺将装饰材料预先制成装饰配件，再运输至施工现场安装，能进一步提高施工效率。

1）塑造与铸造。塑造是指对在常温、常压下呈可塑状态的液态材料，经过一定的物理、化学变化过程的处理，使其逐渐失去流动性与可塑性而凝结成固体；铸造是传统生铁、铜、铝等可熔金属经常采用的成型工艺，在工厂制成各种花饰、零件，然后运到现场进行安装（图1-53）。

2）加工与拼装。木材与木制品具有可锯、可刨、可削、可凿等加工性能，还能通过粘、钉、开榫等方法，拼装成各种配件。加工与拼装构造是最直观的，但是要考虑配件构造的承载性能，避免在施工、使用过程产生脱落、开裂等现象（图1-54）。

3）搁置与砌筑。一般是指水泥、砖块等材料的施工构造，通过一些专用胶凝材料可以将这些分散的块材相互搁置、垒砌，最终成为完整的砌体。装修中常用搁置与砌筑构造的配件有花台、窗台、隔断、搁板和砖砌壁橱等（图1-55）。

二、装饰施工的发展

目前,随着装饰材料的更新,施工正向安全、完整、环保、高效等方向发展。

1. 注重施工安全

(1)装修施工必须保证建筑结构安全。不能损坏现有的建筑构造;不能在混凝土空心楼板上钻孔或安装预埋件;不能随意拆除横梁、立柱、剪力墙、楼板等承重构件。如果要拆除隔墙,需要得到物业管理部门同意后方可施工(图1-56)。

(2)不能超负荷集中堆放材料与物品。普通住宅建筑楼板承重为200kg/m²,商用办公楼、图书馆、工业厂房建筑楼板承重为400kg/m²,具体以建筑施工图或建筑使用说明书为准。避免在楼板的某处集中放置装饰材料和物品,以免对楼板造成损坏。

2. 保障设施完整

(1)施工构造的设计与实施应保持公共设施的完整,不能擅自拆改现有水、电、气、通信等配套设施。

(2)不能影响管道设备的使用与维修。

(3)不能堵塞、破坏上下水管道与垃圾道等公共设施(图1-57)。

(4)不能损坏所在地的各种公共标识。

(5)施工堆料不能占用楼道内的公共空间或堵塞紧急出口,应避开公开通道、绿化地等市政公用设施。

(6)材料搬运中要避免损坏公共设施,造成损坏时,要及时报告有关部门修复。

3. 采用环保工艺

(1)装修施工所用材料的品种、规格、性能应符合设计要求及国家现行有关标准的规定。

(2)在进场施工前,要对主要材料的品种、规格、性能进行验收,主要材料应有产品合格证书,有特殊要求的应使用相应的性能检测报告与中文说明书。

(3)现场配制的材料应按设计要求或产品说明书制作,装修后的室内污染物如甲醛、氡、氨、苯与总挥发有机物,应在国家相关标准规范内。

(4)在设计施工时,应尽量减少胶黏剂的用量,以免造成空气污染,对于膨胀螺栓、钉子的用量也应进行精确计算,避免重复固定而造成浪费。

4. 提高施工效率

(1)设计施工构造的同时要考虑到施工流程,统一安排施工进度,避免出现长期待工、停工的现象(图1-58)。

图1-56 加固立柱结构

加固立柱结构的目的在于增强原有建筑的安全系数,缓解装修与后期配饰的自重比例。

图1-57 排水管道

排水管道是室内结构中重要的组成部分,保证排水管道的通畅性也是为了更好地进行后期施工。

图1-56 | 图1-57

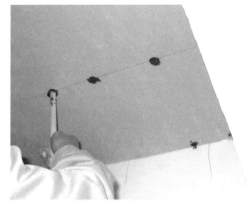

图1-58 涂刷防锈漆

在施工时要按照设计要求对相应的构造及其细节部位进行防火、防腐、防锈和防蛀处理。

图1-59 成品货架

使用成品货架一是可以统一店面内的材料样式；二是可以批量购买，比较经济实惠，选择品种也较多。

图1-58 | 图1-59

（2）现代装修材料多采用集成化制作，将装饰材料在工厂、作坊、仓库等场所加工完毕后，再运输至施工现场组装，能降低现场施工、难度和管理成本，提高施工效率（图1-59）。

★ **小贴士**

饰面施工的要求

饰面构造是装修施工构造中的重点，饰面施工质量直接影响装修效果，要达到以下要求：

（1）连接牢靠。饰面层附着于结构层，如果构造措施处理不当，面层材料与基层材料膨胀系数不一，黏结材料的选择不当或受风化，都将会使饰面层剥落。

（2）厚度与分层。饰面构造往往分为若干个层次。由于饰面层的厚度与材料的耐久性、坚固性成正比，因而在构造设计时必须保证它具有相应的厚度。

（3）均匀与平整。饰面的质量标准，除了要求附着牢固外，还应该均匀、平整，色泽一致，清晰美观，要达到这些装饰效果，必须严格控制从选料到施工的全过程。

本章小结：

装饰材料与施工工艺在人们生活中扮演着重要的角色。装修施工是一项比较复杂的工作，需要将各个工种组织起来，相互协调，密切配合，才能顺利完成。购买装饰材料的同时需要了解施工工艺，只有掌握更全面的装修知识，最终才能够达到满意的设计效果。

第二章
运用频繁的成品板材

识读难度： ★★★★☆

核心概念： 木质板材、塑料板材、金属板材、复合板材、成品板材施工

章节导读： 成品板材是装饰材料中使用最频繁的材料，由于原材料门类繁多，为了保证设计效果与装修品质，一定要注意合理选用成品板材，了解清楚成品板材的性能与施工构造，这对后期的具体设计也会有很大的帮助。目前，许多材料厂商均会将各种质地的原材料加工成不同规格的型材，方便了运输、设计、加工和保养等各个环节。

第一节 木质板材

一、木芯板

1. 定义

木芯板俗称大芯板，同时也被称为细木工板，是由两片单板中间胶压拼接木板而成，木芯板具有质轻、易加工、握钉力好及不变形等优点，是现代木质构造装修的理想材料（图2-1、图2-2）。

2. 特质

木芯板以杨木、桦木材种为最好，质地密实，木质不软不硬。木芯板的加工工艺分为手拼与机拼两种。手拼拼接不均匀，缝隙大，握钉力差，不能锯切加工，只适宜做部分装修的子项目，如用作实木地板的基层板等；而机拼板材拼接平整，承重力均匀，长期使用结构紧凑不易变形，适用于制作各种家具及构造（图2-3）。

3. 规格和价格

木芯板常见规格为2440mm×1220mm，厚度有15mm与18mm两种，其中15mm厚的木芯板市场价格130元/张左右，主要用于制作小型家具，如台柜、床头柜及装饰构造等，18mm厚的板材为150～180元/张不等，主要用于制作大型家具，如吧台柜及储藏柜等。

4. 选购

（1）一般应挑选表面干燥、平整，节子、夹皮少的板材。

（2）仔细观察板材周边是否有补胶、补腻子现象，胶水与腻子会遮掩残缺部位或虫眼（图2-4）。

（3）可以从木芯板侧面观察，也可以锯开木芯板，检查芯板剖面的质量与密实度。

图2-1 木芯板

木芯板尺寸稳定，能够有效地克服木材的各向异性，同时还具有较高的横向强度，板面也比较美观。

图2-2 木芯板剖面

木芯板剖面纹理细腻，条理清晰，且剖面无明显毛刺，横截面也十分平齐，质地较好。

图2-3 木芯板制作而成的柜子

采用机拼拼接而成的木柜各部位受力均匀，粘黏处咬合紧密，寿命也较长，不易变形。

图2-4 木芯板表面遮盖腻子

选择木芯板样品，仔细观察木芯板周边有无补胶、补腻子的现象，补腻子或补胶过多的为劣质木芯板。

图2-1	图2-2
图2-3	图2-4

二、生态板

1. 定义

生态板是将带有不同颜色或纹理的纸放入三聚氰胺树脂胶黏剂中浸泡，然后干燥到一定固化程度，将其铺装在木芯板、指接板、胶合板、刨花板、中密度纤维板等板面，经热压而成且具有一定防火性能的装饰板（图2-5、图2-6）。

2. 优点

生态板一般由表层纸、装饰纸、覆盖纸与基层板等组成，由生态板制作的家具外表坚硬，制作完成后也不必上漆，表面自然形成保护膜。生态板具有耐磨、耐划痕、耐酸碱、耐烫及耐污染等优良性能，表面平滑光洁，容易维护清洗。

3. 缺点

生态板表面覆有装饰层，在施工中不能采用气排钉、木钉等传统工具或材料固定，只能采用卡口件、螺钉作连接，施工完毕后还需在板面四周贴上塑料或金属边条，防止板芯中的甲醛向外扩散，工序比较麻烦。

4. 规格和价格

生态板的规格为2440mm×1220mm，厚度为15～18mm，其中15mm厚的板材价格为120～240元/张，特殊花色品种的板材价格较高。

5. 选购

选购生态板时，除了挑选色彩与纹理外，主要观察板面有无污斑、划痕、压痕、孔隙、气泡，尤其是颜色光泽是否均匀，有无鼓泡现象，有无局部纸张撕裂或缺损现象。

三、指接板

1. 定义

指接板又称为机拼实木板，由多块经过干燥、裁切成型的实木板拼接而成。指接板的各向抗弯压强度平均，板材材种以杨木、桦木为最好，质地密实，木质不软不硬，握钉力强，不易变形（图2-7、图2-8）。

2. 特质

指接板在生产过程中用胶量比传统木芯板少得多，因此较木芯板更环保。指接板的性能相对稳定，强度为天然实木的1～1.5倍，表面平整，物理性能与力学性能良好，具有质坚、吸声、隔热等特点，含水率在10%～13%之间，加工简便。

图2-5 生态板

生态板环保系数较高，耐用性比较强，样式比较丰富，但不可随意造型，价格较高。

图2-6 生态板应用

生态板所制作的柜子使用寿命较长，样式美观，味道清新，颇受大众喜爱。

图2-5 ｜ 图2-6

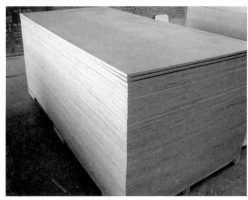
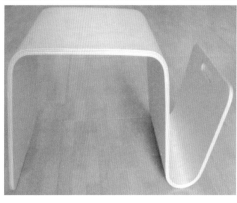

3. 规格和价格

指接板常见规格为2440mm×1220mm，厚度主要有12、15、18mm 3种，最厚可达36mm。普通单层指接板厚度为12mm与15mm，市场价格为120元/张左右，主要用于支撑构造；三层板指接板厚度为18mm，市场价格为160元/张左右，主要用于家具、构造的各种部位，甚至装饰面层。

4. 选购

鉴别指接板的质量主要是看芯材年轮，其年轮越多，则说明树龄长，材质不错。不应选择年轮中央与边缘的木料，中央木料是最初生长的木质纤维细胞，容易老化疏松，而边缘的木质纤维含水率高，质地不稳定。

四、胶合板

1. 定义

胶合板又称为夹板，是将椴木、桦木、榉木、水曲柳、楠木、杨木等原木经蒸煮软化后，沿年轮旋切或刨切成大张单板，这些单板通过干燥后纵横交错排列，使相邻两张单板的纤维相互垂直，再经加热胶压而成的人造板材（图2-9）。

2. 特质

胶合板重量轻、纹理清晰、强度高且具有良好的绝缘性，还可弥补天然木材自然产生的一些缺陷，例如节子、幅面小、变形、纵横力学差异性大等。胶合板生产没有锯屑，可有效减少原木浪费。胶合板变形小、幅面大、施工方便、不翘曲、横纹抗拉力学性能好。

3. 应用

胶合板主要用于装修中木质制品背板、底板的制作，由于厚薄尺度多样，质地柔韧、易弯曲，也可以配合木芯板用于结构细腻处，这也弥补了木芯板厚度均一的问题；还可用于制作隔墙、弧形吊顶、装饰门面板和墙裙等构造（图2-10）。

图2-11 触碰胶合板表面

用手触碰胶合板表面，正面光洁平滑、平整，无破损、碰伤、硬伤、疤节、脱胶等疵点的为优质品。

图2-12 胶合板剖面

在光线充足的情况下仔细观察胶合板剖面，剖面分节有序，无明显凹陷且色泽鲜明的为优质品。

图2-13 纤维板

纤维板的构造致密，隔音、隔热、绝缘、抗弯曲性较好，生产原料来源广泛，成本低廉，但是对加工精度与工艺要求高。

图2-14 装饰纤维板制作的家具

装饰纤维板制作的家具色泽亮丽，纹样丰富，十分美观。

| 图2-11 | 图2-12 |
| 图2-13 | 图2-14 |

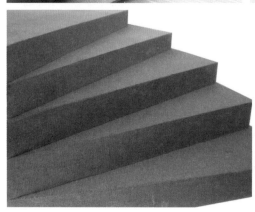 

4．规格和价格

胶合板常见规格为2440mm×1220mm，厚度根据层数增加，一般为3～22mm多种，市场销售价格根据厚度不同而不等。常见9mm厚的胶合板价格为50～80元/张。

5．选购

一般选购木纹清晰、表面无滞手感的板材，如果有条件应当将板材剖切，仔细观察剖切截面。单板之间均匀叠加，不应有交错、裂缝或腐朽变质等现象（图2-11、图2-12）。

五、纤维板

1．定义

纤维板是人造木质板材的总称，一般也可以称为密度板，是采用各种木质纤维为原料，经打碎、纤维分离、干燥后施加胶黏剂，最后热压而成的人造木质板材（图2-13）。

2．分类

（1）装饰纤维板。目前，市场上所销售的纤维板外表面一般覆有彩色喷塑装饰层，色彩丰富多样，可选择性强。

1）应用。装饰纤维板表面经过压印、贴塑等处理方式，被加工成各种装饰效果，广泛应用于装修中的家具贴面、门窗饰面、墙顶面装饰等部位（图2-14）。

2）规格和价格。装饰纤维板的规格为2440mm×1220mm，厚度为3～25mm不等，常见的15mm厚中等密度覆塑纤维板价格为80～120元/张。以最普及的中密度纤维板为例，优质板材应该非常平整，厚度、密度应该均匀，边角没有破损，没有分层、鼓包、碳化等现象，无松软部分。

（2）波纹板。波纹板是纤维板的一种，其特性与纤维板相同，构造致密，隔音、隔热、绝缘、抗弯曲性较好，生产原料来源广泛，成本低廉，但是对加工精度与工艺要求高（图2-15、图2-16）。

1）规格和价格。波纹板规格为2440mm×1220mm，厚度为10～25mm不等，常见15mm厚的素板价格为80～100元/张，彩色板、金银箔板等特殊产品价格为180～400元/张不等。

2）选购。选购时，要仔细观察板面是否光滑，有无污渍、水渍、胶渍，板面四周应当细密、结实、不起毛边。可以用手敲击板面，如果声音清脆悦耳，说明纤维板质量较好；如果声音沉闷，则可能已出现散胶、分离现象。

（3）吸声板。吸声板是在普通高密度纤维板基础上制成的具有吸声功能的装饰板材。

1）特质。吸声板表面柔顺、丰富，有多种色彩纹理可供选择，可以拼装多种花色或图案，能满足各种中高档装修的需求。吸声板结合各种吸声材料的优点，采用天然纤维板热压成型，其装饰性强，施工简便，能通过简单的切割设备，变换出多种造型（图2-17、图2-18）。

2）规格和价格。吸声板的规格为2440mm×1220mm，厚度为18～25mm不等，常见18mm厚的覆面吸声板价格为200～300元/张。

3）选购。选购时，要注意板材厚度应均匀，板面应平整、光滑，没有污渍、水渍、黏迹；四周板面细密、结实、不起毛边。

（4）刨花板。刨花板又称为微粒板、蔗渣板，也有进口高档产品称为定向刨花板或欧松板。

图2-15 波纹板展示

波纹板的产品类别很丰富，如素板、纯白板、彩色板、金银箔板等，表面造型立体流畅，颜色缤纷多彩。

图2-16 波纹板应用

波纹板可以根据设计要求，定制成不同的图案、颜色和造型，四周还可拼接，实用性比较强。

图2-17 吸声板样本

吸声板表面覆盖有塑料装饰层，具有条状开孔，背后覆盖有软质纤维材料，通过多种材料叠加，从而起到吸声作用。

图2-18 吸声板应用

吸声板可用于音乐厅、影剧院、录音室、监听室、会议室、体育馆、展览馆、静音室等声学场所，也可作大型建筑的吸声墙板和天花吊顶板。

图2-15	图2-16
图2-17	图2-18

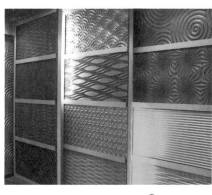

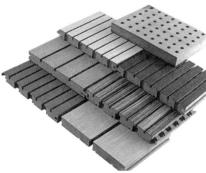

图2-19 | 图2-20
图2-21 | 图2-22 | 图2-23

图2-19 刨花板

刨花板在裁板时容易造成参差不齐的现象，不宜现场制作，需加工后再现场组装。

图2-20 定向刨花板表面

定向刨花板表面纤维清晰可见，视感比较凌乱，但某一方向的强度比较高。

图2-21 国产阔叶材：水曲柳

水曲柳用途较广，其中含有的香豆素成分具备很好的免疫、抗菌、抗氧化和防虫等性能。

图2-22 国产针叶材：落叶松

由落叶松制成的板材具有良好的密度性，可以直接作为沙发和床体家具的制作原材。

图2-23 进口材：重蚁木地板

重蚁木地板比较重，耐磨性和握钉力都比较好，但加工比较困难，适宜制作普通、拼花和承重地板及细木工制品和枕木。

1）特质。刨花板的结构比较均匀，加工性能好，可以根据需要加工成大幅面板材，且吸声与隔声性能也很好，但是刨花板的边缘粗糙，容易受潮（图2-19、图2-20）。

2）规格和价格。刨花板的规格为2440mm×1220mm，厚度为3~75mm不等，常见19mm厚的覆塑刨花板价格为80~120元/张。

3）选购。要注意板材的边角质量，板芯与饰面层的接触应紧密、均匀，不能有缺口；可用手抚摸未饰面刨花板的表面，优质品应该比较平整，无木纤维毛刺。

六、木地板

由于木材的导热性适合人体体温，并且方便开采、加工，于是常用木材作为地面铺设材料。

1. 实木地板

实木地板是天然木材经加工处理后制成条板或块状的地面铺设材料，实木地板对树种的要求相对较高，档次也由树种拉开。

（1）分类。实木地板根据材料品种可以分为国产阔叶材地板、国产针叶材地板和进口材地板。

1）国产阔叶材。国产阔叶材包括榉木、柞木、花梨木、檀木、楠木、水曲柳、槐木、白桦、红桦、枫桦、檫木、榆木、黄杞、白蜡木、红桉、柠檬桉、核桃木、楸木、樟木、椿木等树种（图2-21）。

2）国产针叶材。国产针叶材有红松、落叶松、红杉、铁杉、云杉、油杉、水杉等树种（图2-22）。

3）进口材。进口材包括紫檀、柚木、花梨木、酸枝木、榉木、桃花芯木、甘巴豆、大甘巴豆、龙脑香、木夹豆、乌木、印茄木、重蚁木、白山榄长、水青冈等树种（图2-23）。

（2）特质。优质实木地板应具有自重轻、弹性好、构造简单、施工方便等优点，其自然纹理与其他装饰物能相配；优质实木地板无污染，无论怎样加工使之变成各种形状，它始终不失其自然本色，具有冬暖夏凉的感觉；优质实木地板中带有可抵御细菌、稳定神经的挥发性物质，是理想的地面装饰材料。但是实木地板不耐酸碱，且易燃，所以一般只用于室内地面铺设（图2-24、图2-25）。

（3）规格和价格。实木地板的规格根据不同树种来订制，宽度为90～120mm，长度为450～900mm，厚度为12～25mm。优质实木地板表面经过烤漆处理，应具备不变形、不开裂的性能，含水率均控制在10%～15%之间，中档实木地板的价格一般为300～600元/m²。

（4）选购。选购时，应观测实木地板的精度，开箱后可取出几块地板观察，看拼装缝隙与相邻板间高度差，用手平抚感到无明显高度差即可；采用0号砂纸打磨地板表面，观察漆面是否脱落，注意识别实木地板的真实树种，不要为商品名所惑，要弄清材质，注意地板背面材料与正面是否一致。

2. 实木复合木地板

（1）特质。实木复合地板是利用木材或木材中的优质部分作表层，采用材质较差或成本低廉的木材作中间层或底层，经高温高压制成的多层结构的地板。实木复合地板不仅合理利用了优质材料，提高了地板的装饰效果，而且也增强了地板的力学性能（图2-26、图2-27）。

（2）规格和价格。实木复合地板的规格与实木地板相当，宽度为90～120mm，长度为450～900mm，厚度为12～25mm，但是价格要比实木地板低，中档产品一般为200～400元/m²。

（3）选购。要注意观察表层厚度，表层板材越厚，耐磨损的时间就越长，进口优质实木复合地板的表层厚度一般在4mm以上。可以用卷尺实测或与不同品种相比较，拼合后观察实木复合木地板的榫槽结合是否严密，结合的松紧程度如何，拼接表面是否平整等。

图2-24 实木地板

实木地板是天然木材经烘干、加工后形成的地面装饰材，脚感舒适，使用安全，是卧室、客厅、书房等地面装修的理想材料。

图2-25 实木地板与踢脚线

实木地板的踢脚线要和实木地板的纹理、色彩相对应，选择价格实惠、使用长久的踢脚线是再好不过了。

图2-26 实木复合地板

实木复合地板干缩湿涨率小，具有良好的尺寸稳定性，纹理自然，脚感舒适，兼具美观性和环保性。

图2-27 实木复合地板背面

实木复合地板背面纹理清晰，整体质量稳定，易打理和清洁，安装也十分简单，不容易损坏。

图2-24	图2-25
图2-26	图2-27

3. 强化复合木地板

（1）特质。强化复合木地板由多层不同材料复合而成，其主要复合层从上至下依次为：耐磨层、印刷层、高密度板层、缓冲层和防潮层。其中耐磨层用于防止地板基层磨损；印刷层为饰面贴纸，纹理色彩丰富，设计感较强；高密度板层是由木纤维及胶浆经高温高压压制而成的；缓冲层与防潮层垫置在高密度板层下方，用于防裂、防潮，起到保护基层板的作用（图2-28）。

（2）规格和价格。强化复合木地板的规格长度为900～1500mm，宽度为180～350mm，厚度为8～18mm，厚度越高，价格越高。目前市场上售卖的复合木地板以12mm厚的产品居多，价格为80～120元/m²。

（3）选购。用0号粗砂纸在地板表面反复打磨，约50次，如果没有褪色或磨花，则说明产品质量不错；注意观察企口的拼装效果，可拿两块地板拼装后观察企口是否整齐、严密，此外，用鼻子仔细闻一下，如果没有刺激性气味就说明质量合格（图2-29）。

4. 竹地板

（1）特质。竹地板是竹子经处理后制成的地板，与木地板相比，竹地板具有良好的质感，组织结构细密，材质坚硬，具有较好的弹性，脚感舒适，装饰自然而大方（图2-30）。

（2）规格和价格。由于竹地板生产对竹材的竹龄有一定要求，一般需达3～4年以上，在生产中就限制了原料的来源，增加了生产成本，中档竹地板产品价格一般为150～300元/m²，具体规格与实木地板相当。

（3）选购。应注意材质品种，正宗楠竹的纤维较其他竹材更坚硬密实，抗压抗弯强度高，耐磨、防潮、密度高、韧性好、伸缩性小；仔细观察竹地板的侧面与剖面胶合技术，竹地板经高温、高压胶合而成，优质竹地板是六面淋漆，并粘贴防潮层（图2-31）。

图2-28 强化复合木地板样本

强化复合木地板样本囊括了地板的材质、规格、样式、色彩、价格等相关信息，选购时可以查看。

图2-29 打磨表面

在阳光充足的环境下使用砂纸打磨强化复合木地板的表面，观察其表面是否有明显磨痕和掉渣现象。

图2-30 竹地板

竹地板拥有良好的力学性能，板面不易变形和开裂，耐磨性好，也不会轻易出现翘曲现象。

图2-31 竹地板剖面

优质的竹地板剖面应光滑、平齐，且淋漆均匀，表面覆盖有防潮层，色泽十分均匀，无明显色差。

图2-28	图2-29
图2-30	图2-31

七、木质板材一览表（表2-1）

表2-1　　　　　　　　　　　　　　　木质板材一览表

名称		图例	性能特点	用途	参考价格
木芯板			质地密实，木质不软不硬，不易变形	室内家具、装饰构造主体制作以及柜门、台面制作等	2440mm×1220mm，厚15mm，130元/张，厚18mm，150～180元/张
生态板			耐磨、耐划痕、耐酸碱、耐烫、耐污染，表面十分光洁	室内家具制作以及构造饰面装饰	2440mm×1220mm，厚15mm，120～240元/张，特殊花色价格较高
指接板			用胶量少，性能稳定，表面平整，吸声、隔热	室内家具与木构造制作	2440mm×1220mm，厚12mm，120元/张，厚18mm，160元/张
胶合板			重量轻，纹理清晰，强度高，变形小	制作木质制品的背板和底板；制作隔墙、弧形吊顶等	2440mm×1220mm，厚9mm，50～80元/张，80～120元/张
纤维板	装饰纤维板		色彩丰富，可塑性强，装饰效果好	家具贴面，门窗饰面以及墙顶面装饰	2440mm×1220mm，厚15mm，80～120元/张
	波纹板		隔声、隔热、绝缘、抗弯曲性好，成本低廉	室内家具制作	2440mm×1220mm，厚15mm，80～100元/张，彩色板，180～400元/张
	吸声板		吸声、环保、阻燃、隔热，表面柔顺，色彩纹理丰富，可以拼装图案	室内吸声墙板和天花吊顶板	2440mm×1220mm，厚18mm的覆面吸声板，200～300元/张
	刨花板		结构均匀，加工性能好，吸声和隔声性能好	室内家具制作	2440mm×1220mm，厚19mm，覆塑刨花板，80～120元/张

名称		图例	性能特点	用途	参考价格
木地板	实木地板		自重轻，弹性好，施工方便，无污染	室内地面装饰铺装	厚12~25mm，中档，300~600元/m²
	实木复合木地板		尺寸稳定性好，纹理自然，脚感舒适，美观、环保	室内地面装饰铺装	厚12~25mm，中档，200~400元/m²
	强化复合木地板		尺寸稳定性好，耐磨性好，不易变形	室内地面装饰铺装	厚8~18mm，厚12mm居多，80~120元/m²
	竹地板		不易开裂、变形，耐磨，色泽淡雅，色差小	室内地面装饰铺装	厚12~25mm，中档，150~300元/m²

第二节　塑料板材

一、亚克力板

1. 定义

亚克力板又称为聚甲基丙烯酸甲酯板或有机玻璃板，简称PMMA板，是一种常见的装饰塑料板材，应用范围广泛（图2-32）。

2. 特质

（1）亚克力板可以分为浇铸板与挤出板两种，其中浇铸板的密度较高，具有出色的刚度、强度及优异的抗化学品性，适合在装修现场进行小批量加工，产品规格齐全，样式繁多（图2-33）。

图2-32 亚克力板

亚克力板是有机玻璃的替代产品，透光性能好，表面色泽纯正，美观平整。

图2-33 亚克力板制作展柜

亚克力板制作的展柜透光度好，色彩艳丽，呈现的展示效果也十分不错。

图2-32 | 图2-33

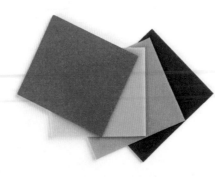

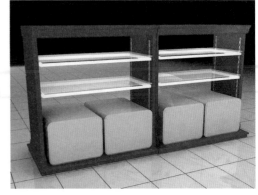

（2）在装修中亚克力板可以用于各种定制加工的发光灯箱，色彩丰富、美观平整，可以兼顾白天、夜晚两种视觉效果；而挤出板的密度较低，机械性能稍弱，但却有利于折弯或热成型加工，可以快速真空吸塑成型（图2-34）。

（3）亚克力板可以染色，还可以进行喷漆、丝网印刷或真空镀膜，具有无色透明、有色、珠光等样式，此外，亚克力板无毒，燃烧时所产生的气体也无毒害。

3. 规格和价格

亚克力板常见规格为2440mm×1220mm、1830mm×1220mm、1250mm×2500mm、2000mm×3000mm，厚度为1～50mm不等，价格也因此不同。常用的2440mm×1220mm×3mm透明PMMA板的价格为20～30元/张。

4. 选购

（1）应注意中高档的亚克力板双面都会贴有覆膜，普通产品只一面有覆膜，覆膜表面应该平整、光洁，没有气泡、裂纹等瑕疵。

（2）可以用手剥揭亚克力板，能感到具有次序的均匀感，无特殊阻力或空洞的为优质品。

二、聚碳酸酯板

1. 定义

生态聚碳酸酯板简称为PC板，主要成分是聚碳酸酯，它的透光率最高可达90%，可与玻璃相媲美，表面镀有抗紫外线（UV）涂层，在太阳光下曝晒不会发黄、雾化，能阻挡紫外线穿过，比较适合保护贵重艺术品及展品，使其不受紫外线破坏。

2. 特质

（1）聚碳酸酯板的抗撞击强度是普通玻璃的250～300倍，是同等厚度亚克力板的30倍，是钢化玻璃的10倍，但是其质量仅为玻璃的50%，可节省运输、搬卸、安装及支撑框架的成本。

（2）聚碳酸酯板燃烧时不会产生有毒气体，不会助长火势的蔓延。

（3）聚碳酸酯板可以依照设计方案在施工现场采用冷弯或热弯工艺加工成拱形。

3. 分类

（1）阳光板。阳光板又称为聚碳酸酯中空板、玻璃卡普隆板，是以高性能聚碳酸酯（PC）树脂加工而成，是一种无定型、无臭、无毒、高度透明的热塑性材料（图2-35、图2-36）。

1）特质。阳光板是中空的多层或双层结构，主要有白、绿、蓝、棕等颜色，透明度高、质轻、抗冲击、隔音、隔热、难燃、抗老化，是一种高科技、综合性能极其卓越、节能环保型的塑料板材，是目前国际上普遍采用的塑料材料（图2-37）。

图2-38 耐力板

耐力板的最大特点是耐冲击性能好，是普通玻璃的200倍，几乎没有断裂的危险性。

图2-39 耐力板揭膜

耐力板表面会有一层保护膜，揭膜后耐力板表面十分光滑、透亮。

图2-40 耐力板应用

PC耐力板可以用于制作名牌板，也可制作成各种家具或构造，如展示台柜、书柜、酒柜，适合展示小件装饰品，在灯光照射下，不会产生玻璃偏蓝色、绿色的效果。

图2-41 耐力板制作灯箱

耐力板适用于各种装饰背景墙、招牌中的发光灯箱，特别适合不便于安装玻璃的狭小空间、弧形空间。

图2-38	图2-39
图2-40	图2-41

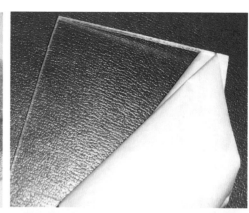

2）规格和价格。阳光板的规格为2440mm×1220mm，厚度有4、5、6、8mm等多种，色彩主要有无色透明、绿色、蓝色、蓝绿色、褐色等，适用性非常强，如果需要改变阳光板的颜色，可以在板材表面粘贴半透明有色PVC贴纸，5mm厚阳光板价格为60～100元/张。

3）选购。应该注意表面的光洁度，优质产品特别平整，其中竖向构造的外凸感不强或完全没有触感；可以将板材弯曲，优质产品能在长度方向轻松达到首尾对接并且还有余地，弯曲弧形自然圆整，恢复后不变形，低档产品弯曲后呈椭圆形或不规则圆形。

（2）耐力板。耐力板又称为聚碳酸酯实心板、PC防弹玻璃、PC实心板等，有厂商将耐力板继续加工成波浪造型，变成实心耐力瓦，有透明、湖蓝、绿、茶、乳白等多种颜色。

1）特质。耐力板还具备有良好的透明性，采光极佳，透光率高达90%，而其透明度可与玻璃相媲美。优质产品的表面覆有UV（抗紫外线）剂，可吸收紫外线，并转化为可见光，户外可保证10年不褪色。耐力板不仅不自燃，并具有自熄性（图2-38～图2-41）。

2）规格和价格。耐力板的规格为2440mm×1220mm，厚度为2～15mm，也有厂家可以生产宽度达到2500mm的产品。常见4mm厚的透明耐力板价格为30～50元/张。

3）选购。优质产品表面都贴有保护膜，用手揭开保护膜的边角。如果揭开幅度均匀，膜与板材之间的结合度好则说明质量不错；如果表膜上存在划痕、气泡，则说明板材表面已被外力划伤，则不宜选购。

三、聚苯乙烯板

1. 定义

聚苯乙烯板又被称为泡沫板或聚苯乙烯塑料板，简称PS板，以聚苯乙烯为主要原料，经挤出而成型，是一种热塑性板材。聚苯乙烯板容易成型，但是耐热性太低，只有80℃，不能耐沸水，性脆且不耐冲击，易老化出现裂纹，易燃烧，燃烧时会冒出大量有毒黑烟（图2-42）。

2. 特质

聚苯乙烯板不耐热、性脆、不耐冲击，因而很少用于高档装饰。此外，在使用过程中要注意防火，将聚苯乙烯板密封在防火装饰构造中或与火源保持距离，例如，在制作石膏板隔墙、隔墙家具时，往往都会在墙体龙骨或板材之间填充一定厚度的聚苯乙烯板，表面再封闭石膏板等面材，这样能达到良好的隔音效果（图2-43）。

3. 规格和价格

聚苯乙烯板规格为2000mm×1000mm，厚度为3~120mm，其中40~60mm厚的板材最常用，价格为15~20元/张。

4. 选购

（1）要注意产品的质地，优质产品应该富有弹性，用手用力按压会立即内凹，稍候能均匀反弹直至恢复原状。

（2）优质的聚苯乙烯板应为白色，而米黄色、浅蓝色的杂质较多，为二次加工产品，至于颜色更深的中黄色、土黄色、蓝绿色等产品的弹性就更差了，其隔声效果也不好。

（3）可以用手掂量板材，优质产品应该特别轻盈，能用手指轻松拾起，稍有空气流动即会被吹动，而劣质产品较重，容易用手掰断或掰裂。

四、塑料地板

1. 定义

塑料地板即采用塑料材料铺设的地板，是以高分子树脂为主要原料而制成的地面覆盖材料。塑料地板具有较好的耐燃性与自熄性，其性能可以通过增添各种添加剂来变化，因此塑料地板的使用面最广。

图2-42 | 图2-43

图2-42 聚苯乙烯板

聚苯乙烯板能自由着色，无味无毒，不会滋生细菌，具有刚性、绝缘、印刷性好等优点，主要用于装饰构造中的隔声、保温层，以及轻质板材的夹芯层。

图2-43 聚苯乙烯防潮垫

较单薄的聚苯乙烯板也被称为聚苯乙烯防潮垫，可以用于木地板铺装的基层。

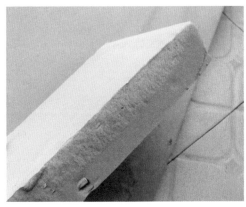

图2-44 塑料地板：块材

块材地板为硬质或半硬质地板，质量可靠，颜色有单色或拉花两个品种，其厚度≥1.5mm，属于低档地板。

图2-45 塑料地板：卷材

卷材适合于铺设客厅和卧室地面，选购时宜选优等品或一等品，建议零售，需要多少购多少，避免浪费。

图2-44 | 图2-45

2. 分类

（1）块材。块材地板的优点是若出现局部破损，可以局部更换而不影响整个地面的外观，但是接缝较多，施工速度较慢（图2-44）。

（2）卷材。卷材地板大部分产品厚度只有0.8mm，纹样自然、逼真，有仿木纹、仿石纹、仿织物纹样图案，装饰效果好，脚感舒适，不易引起火灾，表面耐磨强度高（图2-45）。

3. 规格和价格

塑料地板的价格与地毯、木质地板、石材、陶瓷地面材料相比，其价格相对便宜。常见的软质卷材地板成卷销售，也可以根据实际使用面积按直米裁切销售，一般产品宽度为1.8～3.6m，10m/卷，裁切铺装地面，均价格为15～20元/m²。

4. 选购

（1）优质产品的表面应平整、光滑、无压痕、折印、脱胶，周边方正，切口整齐。目测不能有凹凸不平、光泽与色调不匀、裂痕等现象。

（2）可以采用360号砂纸在塑料地板表面反复打磨10～20次，表面无褪色或划伤即为合格。

（3）可以用4H绘图铅笔在地板表面进行用力刻划，如果没有划伤即为合格。

五、塑料板材一览表（表2-2）

表2-2　　　　　　　　　　塑料板材一览表

名称		图例	性能特点	用途	参考价格
亚克力板			具有良好的透光性能，色彩丰富，使用寿命长	室内隔声门窗、橱窗及采光罩制作	2440mm×1220mm×3mm，20～30元/张
聚碳酸酯板	阳光板		物理机械性能良好，耐热性和耐低温性能都比较好，透明度高	室内装修吊顶、装饰墙板、推拉门及阳光顶棚等的制作	2440mm×1220mm，厚5mm，60～100元/张，
	耐力板		耐冲击性能好，透明性好，采光性好，不易褪色	室内家具、背景墙等制作	2440mm×1220mm，厚4mm，30～50元/张

名称	图例	性能特点	用途	参考价格
聚苯乙烯板		无味无毒，能自由着色，绝缘性和印刷性好，但不耐热，不耐冲击	室内隔温层和保温层及轻质板材的夹芯层制作	2000mm×1000mm，厚40～60mm，15～20元/张
塑料地板		耐热性和自熄性好，使用范围广	室内地面装饰铺装	裁切后，15～20元/卷

第三节　金属板材

一、轻型钢板

1. 定义

轻型钢板属于冷轧钢板，又称为白铁板，表面具有特殊镀层来保护钢板，质地较轻且硬度较高，具有很高的应用价值。由于普通钢板受潮即会产生氧化锈蚀，因此要在表面加上耐腐保护层，一般耐腐镀层为镀锌或镀铝锌。

2. 分类

（1）镀锌钢板。镀锌钢板是指表面镀有一层锌的钢板，用于装修的镀钢锌板一般为较薄的冷轧钢板，为了防止钢板表面遭受腐蚀，在钢板表面涂上一层金属锌，这种涂锌的钢板称为镀锌板（图2-46）。

1）分类。镀锌钢板的镀锌工艺较多，常见的有热浸镀锌钢板与电镀锌钢板2种，热浸镀锌钢板是将薄钢板浸入熔解的锌槽中，使其表面粘附锌的薄钢板；电镀锌钢板是采用电镀法来生产，使镀锌钢板具有良好的加工性，但是镀锌层较薄，耐腐蚀性不如热浸法镀锌板。

2）规格和价格。镀锌钢板的规格为2500mm×1250mm，厚度为0.5～3mm不等，其中1.2mm厚的产品比较硬朗，使用频率较高，价格为150～200元/张。

（2）镀铝锌钢板。高镀铝锌钢板是一种新型轻钢板产品，表面镀层由55％的铝锌合金、43％的锌、2％的硅组成。镀铝锌钢板的耐腐蚀性主要是铝产生作用，当锌受到磨损时，铝便形成一层致密的氧化铝，阻止耐腐蚀物质进一步破坏内部（图2-47）。

1）特质。镀铝锌板的正常使用寿命可达25年以上，耐热性很好，可用于300℃的高温环境，镀层与漆膜的附着力好，具有良好的加工性能。由于镀铝锌钢板的热反射率很高，是镀锌钢板的2倍，在装修中常用来制作隔热构造，如暖气或空调的管道围合，还可以用于户外烟囱管、灯罩等构造。

2）规格和价格。镀铝锌钢板的规格为2500mm×1250mm，厚度为0.5～3mm不等，其中1.2mm厚的产品比较硬朗，使用频率较高，价格为200～250元/张。

二、铝合金扣板

1. 定义

铝合金扣板简称铝扣板，是指将较单薄的铝合金板材裁切、冲压成型，是目前最流行的装修吊顶材料。铝合金扣板安装时需要配套龙骨，还要考虑搭配尺寸相当的电器、灯具、设备，因此，现代铝合金扣板吊顶要逐渐演变成集成吊顶（图2-48、图2-49）。

2. 用途

由于纯铝的强度不高，目前用于集成吊顶的铝合金扣板材料均为铝质合金材料，市场上销售的铝合金扣板材质由高到低依次为铝镁合金、铝锰合金、普通铝合金、返炼铝合金等。铝合金扣板主要用于厨房、卫生间、餐厅、走道、封闭阳台等空间的吊顶，也可以根据设计要求用于特殊部位，如户外屋檐下（图2-50、图2-51）。

图2-46 压花镀锌钢板

压花镀锌钢板硬度高，表面覆盖有大小一致的花纹，经专业机器压缩成型，目前使用频率较高。

图2-47 镀铝锌钢板

镀铝锌钢板表面会呈现出特有的银白色星花，特殊的镀层结构使其具有了优良的耐腐蚀性。

图2-48 铝合金方形扣板

铝合金方形扣板颜色多，装饰效果十分不错，且材质具备良好的耐候性，适合大众选用。

图2-49 铝合金扣板配套龙骨

铝合金扣板配套龙骨可以完好地固定铝合金扣板，且能支撑吊顶造型，其主龙骨和次龙骨之间的间距一定要控制好。

图2-50 铝合金条形扣板安装

条形扣板安装需要控制好纵向间距，以及灯具的具体安装间距和位置。

图2-51 铝合金方形扣板安装

方形扣板安装需要注意扣板缝隙处的细节处理，且安装后需加固。

图2-46	图2-47
图2-48	图2-49
图2-50	图2-51

图2-52 图2-53

图2-52 不锈钢板

不锈钢板具备良好的耐腐蚀性，这种性能取决于它自身所含的合金元素，主要包括镍、钼、钛、铌、铜、氮等，以满足各种用途。

图2-53 不锈钢板制作背景墙

不锈钢板表面十分光亮，所制作的背景墙具有良好的视觉效果，且容易擦洗。

图2-52 | 图2-53

3. 规格和价格

铝合金扣板的形式主要有条形与方形两种，条形铝合金扣板长度为1～6m，一般需要定制加工，宽度为50～200mm，方形铝合金扣板使用频率最高，板面规格一般为300mm×300mm，也有其他定制的特殊规格，两种板材的厚度一般为0.6～1mm，价格为60～120元/m²。需要定制加工的板材一般为集成吊顶，需要厂商上门测量后统一设计制作。

4. 选购

（1）注意板材厚度达到0.8mm即可，很多采用原料不纯、品质不高的回收铝材制作的铝合金扣板，厚度反而很厚。

（2）选取一块样板，用手折弯，劣质铝材很容易变形且不会恢复，优质铝材则会迅速反弹。

三、不锈钢板

1. 定义

不锈钢板是指耐空气、蒸汽、水等弱腐蚀介质与酸、碱、盐等化学浸蚀性介质腐蚀的钢板。不锈钢板按制法可以分热轧与冷轧2种，在装修中常用的产品较薄，包括0.02～4mm厚的薄板与4～20mm厚的中板。不锈钢薄板一般须在基层安装木芯板，再将不锈钢板粘贴上去。如果用于户外，也可以采取挂贴的方式施工，8mm厚的不锈钢板可以裁切成板条，用于户外庭院的栏板制作（图2-52）。

2. 特质

不锈钢板表面可加工成白色不反光、哑光、高光等多种效果，如通过化学浸渍着色处理，可以得到褐、蓝、黄、红、绿等各种彩色不锈钢。不锈钢板表面光洁，有较高的塑性、韧性与机械强度，且耐腐蚀。板材表面效果多样，有普通板、磨砂板、拉丝板、镜面板、冲压板、彩色板等品种（图2-53）。

3. 规格和价格

常用的不锈钢板规格为2400mm×1200mm，厚度为0.6～1.5mm，其中1mm厚的产品使用最多，价格根据产品型号不同，201型不锈钢板为300元/张，304型不锈钢板为500元/张。

4. 选购

（1）不锈钢板表面不能有波折，要求绝对平整、光洁，要考虑板材受压时的强度要求，选用相应的规格等。

（2）根据设计、施工需要正确选择不锈钢板的厚度，如果不锈钢板的厚度不够，容易弯曲，会影响装饰板生产。如果厚度过大，钢板过重，不仅增加钢板的成本，而且也会给操作带来困难。

四、金属板材一览表（表2-3）

表2-3　　　　　　　　　　金属板材一览表

名称		图例	性能特点	用途	参考价格
轻型钢板	镀锌钢板		耐腐蚀，加工性好	金属家具，构造围合，顶棚制作	2500mm×1250mm，厚1.2mm，150～200元/张
	镀铝锌钢板	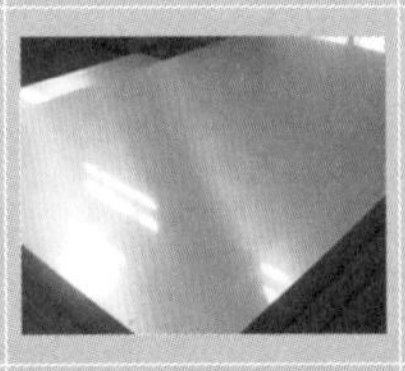	耐热性好，使用寿命长，表面导电性好，加工性能好	顶棚、墙壁部位制作，还可用于灯罩等构造	2500mm×1250mm，厚1.2mm，200～250元/张
铝合金扣板			颜色多，装饰效果好，耐候性	室内吊顶扣板制作	0.6～1mm，60～120元/m^2
不锈钢板		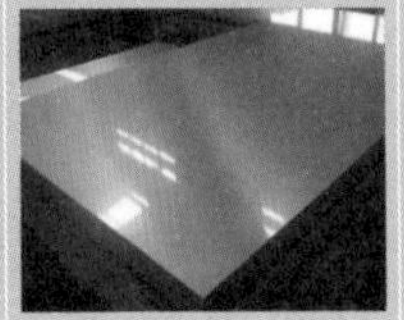	表面光洁，有良好的塑性、韧性和机械强度，且耐腐蚀性也十分不错	室内踢脚线、腰线及背景墙等制作	2400mm×1200mm，201型，300元/张，304型，500元/张

第四节　复合板材

一、防火板

防火板又称为耐火板，在装修中主要起到防火、装饰的作用。用于装修的防火板主要有菱镁防火板、防火装饰板、三聚氰胺板3种。

1. 菱镁防火板

（1）定义。菱镁防火板又称为菱镁板、玻镁板，是采用氧化镁、氯化镁、粉煤灰、农作物秸秆等工农业废弃物，添加多种复合添加剂制成的防火材料。菱镁防火板主要用于轻钢龙骨隔墙中的填充材料，可以填充墙裙、门板、家具等装修构造中的缝隙（图2-54、图2-55）。

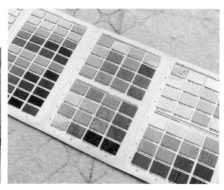

（2）特质。菱镁防火板具有良好的防火性能，属于A1级不燃板材，火焰持续燃烧时间为零，800℃环境下不燃烧，1200℃环境下无火苗；在装修中与轻钢龙骨结合制作成隔墙，遇火燃烧时能够吸收大量的热能，延迟周围环境温度的升高；在干冷或潮湿的气候里，菱镁防火板的性能比较稳定，不受凝结水珠或潮湿空气的影响，不会变形、变软，不影响正常使用；菱镁防火板质地均匀、密实，质量稳定可靠，加工安装性能卓越，韧性优越，不易断裂，安装方便，可以直接涂饰油漆或直接贴面，能采用湿法或干挂法施工。

（3）规格和价格。菱镁防火板的规格主要为2440mm×1220mm，厚度为3～18mm，外观有素板、装饰板多种，其中8mm厚的素板价格为20～30元/张。

（4）选购。注意观察板芯质地是否均匀，表面是否平整，劣质板材的板芯孔隙较大且不均衡；可以用指甲用力刮一下板芯，劣质板材则容易脱落粉末；仔细查看板材包装，优质品牌产品均有塑料薄膜覆盖。

2. 防火装饰板

（1）定义。防火装饰板又称为防火贴面板、耐火板，是由高档装饰纸、牛皮纸经过三聚氰胺浸染、烘干、高温高压等工艺制作而成，具体构造由表层纸、色纸、基纸（多层牛皮纸）3层组成（图2-56）。

（2）特质。防火装饰板的表层纸与色纸经过三聚氰胺树脂成分浸染，使防火装饰板具有耐磨、耐划等物理性能，多层牛皮纸使板材具有良好的抗冲击性、柔韧性；板材表面的花纹有极高的仿真性，如纯色、仿木纹、防石材、仿金属等效果，能起到以假乱真的效果；防火装饰板只是具有一定的防火性能，当外界环境达到200℃以上，板材表面仍会受到破坏。

（3）规格和价格。防火装饰板的规格为2440mm×1220mm，厚度为0.8～1.2mm，其中0.8mm厚的板材价格为20～30元/张，特殊花色品种的板材价格较高。

（4）选购。选购时，要注意识别板材质量，优质防火装饰板表面应该图案清晰透彻、效果逼真、立体感强，没有色差，表面平整光滑、耐磨；优质的防火装饰板能自由卷曲2.5圈，展开后能保持平整。

3. 三聚氰胺板

（1）定义。三聚氰胺板，全称为三聚氰胺浸渍胶膜纸饰面人造板，三聚氰胺板表面覆有装饰层，因而在施工中不能采用气排钉、木钉等传统工具、材料固定，只能采用卡口件、螺钉作连接，施工完毕后还需在板面四周贴上塑料或金属边条，防止板芯中的甲醛向外散发。

（2）特质。三聚氰胺板一般由表层纸、装饰纸、覆盖纸与基层板等组成，表层纸位于最上层，起保护装饰纸作用，使加热加压后的板面坚硬耐磨，洁白干净；装饰纸表面印刷有各种图

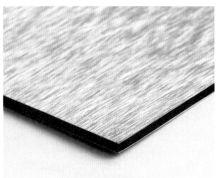

图2-57 三聚氰胺板应用

三聚氰胺板一般用于橱柜或成品家具的制作，可以在很大程度上取代传统木芯板、指接板等木质构造材料。

图2-58 铝塑复合板

铝朔复合板可以用于大楼外墙、旧楼改造翻新、室内墙壁及天花板装修等事项，属于一种新型的建筑装饰材料。

图2-59 铝塑复合板制作吊顶

铝塑复合板一般用于易磨损、受潮的家具、构造外表，也可以用于对平整度要求很高的部位，如大面积装饰背景、立柱和吊顶。

图2-57 | 图2-58 | 图2-59

案，位于表层纸下部，具有良好的遮盖力；覆盖纸位于装饰纸下部，能防止底层酚醛树脂透到表面，遮盖基材表面的色泽斑点；基层板主要起力学作用，生产时可根据用途或厚度来确定材料类型，常用高密度纤维板为基层板（图2-57）。

（3）规格和价格。三聚氰胺板的规格为2440mm×1220mm，厚度为15～18mm不等，其中15mm厚的板材价格为80～120元/张，特殊花色品种的板材价格较高。

（4）选购。要观察板面有无划痕、压痕、孔隙、气泡，颜色光泽是否均匀，有无鼓泡现象，有无局部纸张撕裂或缺损现象；可以嗅闻三聚氰胺板，如果能闻到三聚氰胺板具有刺鼻气味，则可以断定基层板材质量不佳。

二、铝塑复合板

1. 定义

铝塑复合板简称铝塑板，是指以聚乙烯树脂（PE）为芯层，两面为铝材的3层复合装饰板材，铝材表面的涂层多采用耐候性能优异的氟碳树脂（图2-58）。

2. 特质

铝塑复合板外部经过喷涂，色彩艳丽丰富，长期使用不褪色，表面铝材经过清洗与预处理，能清除铝材表面的油污、脏物等各种氧化层，能保证铝材与涂层与芯层牢固黏接（图2-59）。

3. 分类

（1）铝塑复合板一般有普通型与防火型2种，一般型铝塑复合板中间夹层如果是聚氯乙烯，板材燃烧受热时将产生对人体有害的氯气。

（2）防火型铝塑复合板中间夹层为阻燃聚乙烯塑胶，呈黑色，采用氢氧化铝为主要成分，芯层颜色通常为白色或灰白色。

4. 规格和价格

铝塑复合板的规格为2440mm×1220mm，厚度为3～6mm不等，普通板材为单面铝材，又称为单面铝塑板，厚度以3mm居多，价格为40～50元/张；质地较好的板材多为双面铝材，平整度较高，厚度以5mm居多，其中铝材厚度为0.5mm，价格为100～120元/张。

5. 选购

（1）注意观察板材厚度，板材的四周应非常均匀，目测不能有任何厚薄不一的感觉，还可以用尺测量板材的厚度是否达到标称数据。

（2）观察板材表面的贴膜是否均匀，优质产品无任何气泡或脱落，如果条件允许，可以揭开铝朔复合板贴膜的一角，用360号砂纸反复打磨10次左右，优质产品的表层不应有明显划伤。

三、纸面石膏板

1. 定义

纸面石膏板简称石膏板，是以半水石膏与护面纸为主要原料，以特制的板纸为护面，经加工制成的板材。

2. 特质

（1）纸面石膏板具有独特的空腔结构，隔声性能良好，表面平整，板与板之间通过接缝处理形成无缝表面，表面可直接进行装饰（图2-60）。

（2）纸面石膏板具有可钉、可刨、可锯、可粘的性能，用于室内装饰，可取得理想的装饰效果，施工非常方便，能提高施工效率（图2-61）。

3. 分类

（1）普通型纸面石膏板。普通型纸面石膏板的板芯呈白色，灰色纸面，是最为经济与常见的品种，适用于无特殊要求的使用场所，价格低廉；常见9mm厚的普通纸面石膏板用来制作吊顶或隔墙，但是强度不高，在潮湿条件下容易发生变形，因此在特殊环境下选用12mm厚的产品。

（2）耐水型纸面石膏板。耐水型纸面石膏板的板芯与护面纸均经过了防水处理，能用于连续相对湿度＜95%的使用场所，如卫生间、厨房等；耐火型纸面石膏板的板芯内增加了耐火材料与大量玻璃纤维，切开石膏板，可以从断面处看见很多玻璃纤维。

4. 规格和价格

普通纸面石膏板的规格为2440mm×1220mm，厚度有9.5mm与12.5mm，其中9.5mm厚的产品价格为20元/张。

5. 选购

（1）观察并抚摸表面，表面平整光滑，不能有气孔、污痕、裂纹、缺角、色彩不均、图案不完整现象，纸面石膏板上下两层护面纸需结实。

（2）注意石膏的质地是否密实，有没有空鼓现象，越密实的石膏板越耐用。

（3）可以随机找几张板材，在端头露出石膏芯与护面纸的地方用手揭护面纸，如果揭的地方护面纸出现层间撕开，表明板材的护面纸与石膏芯粘结良好（图2-62）。

四、吸声板

声音主要通过空气传播，吸声板中存在大量孔洞，当声音穿过时在孔洞中起到多次反射、转折，声能量促使吸声板的软性材料发生轻微抖动，最终将声能转化成动能，达到降低噪声的作用。

图2-60 | 图2-61 | 图2-62

图2-60 纸面石膏板剖面

从纸面石膏板的剖面可以很清楚地看到其内部纤维构造，而良好的纸面石膏板剖面也应当是光滑、平整的。

图2-61 纸面石膏板制作吊顶

纸面石膏板可以自由造型，且具备良好的防火性能，成型后不易碎裂，适宜制作吊顶。

图2-62 揭开纸面石膏板

选取纸面石膏板样品，揭开纸面石膏板，如果护面纸与石膏芯层间出现撕裂，则表明板材粘结不良。

1. 岩棉吸声板

（1）定义。岩棉装饰吸声板是以天然岩石如玄武岩、辉长岩、白云石、铁矿石、铝矾土等为主要原料，经高温熔化、纤维化而制成的无机质纤维板，密度60～130kg/m³，防火温度为80℃（图2-63）。

（2）特质。岩棉吸声板具有优良的隔声与吸声性能，其吸声机理是板材本身为多孔性结构，当声波通过时，由于流阻的作用产生摩擦，使声能的一部分为纤维所吸收，能有效阻碍声波传递。

（3）用途。在装修中，岩棉吸声板主要用于石膏板吊顶、隔墙的内侧填充，尤其是填补龙骨架之间的空隙，或用于家具背部、侧面覆盖，对于隔声要求较高的砖砌隔墙，也可以挂贴在其表面后再采用水泥砂浆找平。

（4）规格和价格。岩棉吸声板的规格为1000mm×600mm、1200mm×600mm、1200mm×1000mm，厚度10～120mm不等，用于装修施工中的产品厚50mm左右，表面无覆膜的板材价格为20～30元/m²。

（5）选购。要注意产品的颜色应该一致，不能有白、黄不一的现象；纸面石膏板的侧面胶块应当分布均匀，如果没有胶块则属于不合格岩棉板产品；优质的纸面石膏板能看出很多较大矿渣，如果矿渣杂质没有处理掉，则说明产品质量不高。

2. 聚酯纤维吸声板

（1）定义。聚酯纤维吸声板是将聚酯纤维经过热压，形成致密的板材，能满足各种通风、保温、隔声的设计需要,适用于对隔声要求较高的空间，如会议室、KTV包房等室内墙面铺装（图2-64）。

（2）特质及用途。聚酯纤维吸声板为了满足保洁要求，板材表面通常须包裹一层装饰面料，面料反折至板材背后采用强力胶粘贴到木芯板基层上，在使用中，可以缩短并调节混响时间，清除声音杂质，提高声音传播效果，改善声音的清晰度。

（3）规格和价格。聚酯纤维吸声板的规格为2440mm×1220mm，厚度为5mm、9mm，其中9mm厚的产品价格为100～150元/张。此外，市场上还有成品立体倒角板材或压花板材销售，具体规格与图案可以定制生产，具体价格折合成面积后与平板产品相当。

（4）选购。注意板材表面的手感，优质产品应当比较细腻、柔和，不应有较明显的毛刺感，板材的软硬度适中，抬起板材一端时不能轻易发生折断。

图2-63 岩棉吸声板
岩棉吸声板具有质量轻、导热系数小、吸热、不燃的特点，是一种新型的保温、隔燃、吸声材料。

图2-64 聚酯纤维吸声板
聚酯纤维吸声板具有装饰、保温、环保、易加工、抗冲击、维护简便等特点，成为现代装修首选的吸声材料。

图2-63 | 图2-64

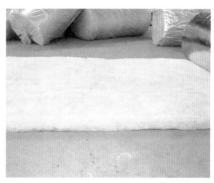

图2-65 布艺吸声板

布艺吸声板可以自主提供饰面布料加工生产，也可以根据声学装修或业主要求，调整饰面布、框的材质。

图2-66 布艺吸声板制作背景墙

布艺吸音板因其自身隔声的性能，因而常用于KTV包房、卧室等空间的背景墙。

图2-67 玻璃纤维吸声棉

玻璃纤维吸音棉是配合纯碱、硼砂等材料熔成玻璃，在熔化状态下借助外力吹制成絮状细纤维，纤维之间为立体交叉状，并呈现出许多细小间隙。

图2-65 | 图2-66 | 图2-67

3. 布艺吸声板

（1）定义。布艺吸声板是指在质地较软的离心玻璃棉表面覆盖防水铝毡与软织物饰面，采用树脂固化边框或木质封边而成，具有装饰、吸声、减噪等多种功能（图2-65）。

（2）特质。布艺吸声板吸声频谱高，对高、中、低的噪声均有较佳的吸声效果。具有防火、无粉尘污染、装饰性强、施工简单等特点，具备多种颜色与图案可供选择（图2-66）。

（3）规格和价格。防成品布艺吸声板的规格为1200mm×600mm、600mm×600mm、600mm×300mm，厚度为25mm或50mm。厚25mm的布艺吸声板价格为120～160元/m²。

（4）选购。应注意基层材料是否达到环保标准，表面手感应该均匀，富有一定弹性，过软或过硬都会影响隔声效果，不少廉价板材的面料很光滑，但是内部材料质地却很差。

4. 吸声棉

（1）定义。吸声棉是一种人造纤维材料，主要有玻璃纤维棉与聚酯纤维棉两种。玻璃纤维棉采用石英砂、石灰石、白云石等天然矿石为主要原料；聚酯纤维棉则由超细的聚酯纤维组成，具有立体网状多孔结构，从而形成更多相互连接的孔隙（图2-67）。

（2）特质。玻璃纤维吸声棉与聚酯纤维吸声棉两种产品各有不同，吸声效果基本一样，都能用于轻钢龙骨石膏板隔墙中，代替传统海绵用于制作吸声软包墙板。变形回弹率高，坚固耐用，极易加工，可根据不同需要制成各种形状，使用寿命长，不会腐烂。

（3）规格和价格。吸声棉一般成卷包装，密度为12kg/m³，宽1m，长10m或20m，厚度20～100mm不等，用于装修施工中的产品厚50mm左右，价格为15～20元/m²。

（4）选购。要注意优质产品的颜色应该为白色，不能有白、灰不一的现象。观察隔声棉侧面，其层次是否分布均匀，如果纤维的厚薄不均则说明质量不高。注意查看材料中是否含有较硬的杂质，优质隔声棉不应有任何杂质。

五、水泥板

1. 定义

水泥板是以水泥为主要原材料加工生产的一种建筑平板，是一种介于石膏板与石材之间，可自由切割、钻孔、雕刻的板材，具有一定的防火、防水、防腐、防虫、隔声性能，但是价格却远低于石材，是目前比较流行的一种装饰材料。

2. 分类

（1）普通水泥板。普通水泥板是普遍使用的产品，主要成分是水泥、粉煤灰、砂，价格越便宜，水泥用量越低。

图2-68 图2-69

图2-68 木丝纤维水泥板

木丝纤维水泥板的使用可以营造出独特的现代风格，一般铺贴在墙面、地面、家具、构造表面，同时可以用在卫生间等潮湿环境。

图2-69 纤维水泥板

纤维水泥压力板是在生产过程中由专用压机压制而成，具有更高的密度，其防水、防火、隔声性能更高，抗冲击性更强。

（2）纤维水泥板。纤维水泥板又称为纤维增强水泥板，与普通水泥板的主要区别是添加了各种纤维作为增强材料，使板材的强度、柔性、抗折性、抗冲击性等大幅提高，添加的纤维主要有矿物纤维、植物纤维、合成纤维、人造纤维等（图2-68、图2-69）。

3. 规格和价格

木丝纤维水泥板的规格，一般为2440mm×1220mm，厚度为6～30mm，特殊规格可以预制加工，10mm厚的产品价格为100～200元/张。

4. 选购

（1）要观察板材的质地，应该平整坚实，可以采用0号砂纸打磨板材表面，优质产品不应产生太多粉末，伪劣产品或硅酸钙板的粉末较多。

（2）可以询问商家有无特殊规格，一般厂家只生产6～12mm厚的板材，不能生产超薄板与超厚板产品，则说明生产条件有限，很难生产出优质产品。

六、复合板材一览表（表2-4）

表2-4 复合板材一览表

名称		图例	性能特点	用途	价格
防火板	菱镁防火板		韧性优越，具备良好的防火性，安装比较方便	填充轻钢龙骨隔墙、填充家具、门板等装修构造中缝隙	2440mm×1220mm，厚8mm，素板，20～30元/张
	防火装饰板		耐磨、耐划痕、抗冲击，性和柔韧性好	室内家具制作及构造饰面装饰	2440mm×1220mm，厚0.8mm，20～30元/张，特殊花色价格较高
	三聚氰胺板		耐磨、耐划痕、耐酸碱、耐烫、耐污染，易维护清洗	室内成品家具制作	2440mm×1220mm，厚15mm，80～120元/张

名称	图例	性能特点	用途	价格
铝塑复合板		色彩艳丽丰富，不易褪色，不易沾染油污	制作装饰背景墙、立柱及吊顶等	2440mm×1220mm，厚3mm，40～50元/张，厚0.5mm，100～120元/张
纸面石膏板		隔音效果好，表面平整，可钉、可刨、可锯，施工方便	隔墙与背景墙制作	2440mm×1220mm，厚9.5mm，20元/张
吸音板 岩棉吸声板		质量轻，导热系数小，吸热性好，且隔燃、保温	石膏板吊顶制作，隔墙内侧填充	1000mm×600mm、1200mm×600mm，厚50mm，20～30元/m²
聚酯纤维吸声板		保温、环保、易加工，抗冲击性强，维护简单	室内墙面铺装	2440mm×1220mm，厚9mm，100～150元/张
布艺吸声板		吸声、减噪，防火，无粉尘污染，装饰性强，施工简便	室内隔音墙及背景墙制作	1200mm×600mm、600mm×600mm，厚25mm，120～160元/m²
吸音棉		变形回弹率高，坚固耐用，易加工，使用寿命长	吸音软包墙板制作	厚50mm，15～20元/m²
水泥板		具备一定的防火、防水、防腐、防虫和隔声性能	室内地面装饰铺装	2440mm×1220mm，厚10mm，100～200元/张

第五节　成品板材施工

一、木质板材施工

1. 门窗套施工

门窗套用于保护门、窗边缘墙角，防止生活中的无意磨损，门窗套还适用于门厅、走道等狭窄空间的墙角。

| 图2-70 | 图2-71 | 图2-72 | 图2-73 |
| 图2-74 | 图2-75 | 图2-76 | 图2-77 |

图2-70 清理门窗套内框

图2-71 找平并钉接木芯板

图2-72 制作门套

图2-73 门套边侧与门框衔接

图2-74 门套边框预留空间

图2-75 粘贴木皮门窗套

图2-76 木质线条对角成45°

图2-77 刷油漆并用砂纸打磨

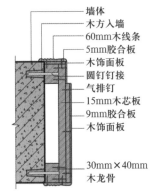

墙体
木方入墙
60mm木线条
5mm胶合板
木饰面板
圆钉钉接
气排钉
15mm木芯板
9mm胶合板
木饰面板
30mm×40mm
木龙骨

图2-78 门套构造

门套制作时应注意饰面板接头为45°，饰面板与门窗套板面结合应紧密、平整，饰面板或线条盖住抹灰墙面应不小于10mm。

图2-79 窗帘盒基层制作

图2-80 内部用木芯板封底

图2-81 滑轨滑轨凹槽深度为150mm左右

图2-79 | 图2-80 | 图2-81

（1）施工方法。首先，清理门窗洞口基层，改造门窗框内壁，修补整形，放线定位，根据设计造型在窗洞口钻孔并安装预埋件；其次，根据实际施工环境对门窗洞口作防潮处理，制作木龙骨或木芯板骨架安装到洞口内侧，并做防火处理，调整基层尺寸、位置、形状；紧接着，在基层构架上钉接木芯板、胶合板或薄木饰面板，将基层骨架封闭平整；最后，钉接相应木线条收边，对钉头做防锈处理，全面检查（图2-70～图2-77）。

（2）施工要点。门窗洞口应方正垂直，预埋件应符合设计要求，并做防腐处理；根据洞口尺寸，门窗中心线与位置线，用木龙骨或木芯板制成基层骨架，并做防潮、防火处理，横撑位置必须与预埋件位置重合；基层骨架应平整牢固，表面须刨平，安装基层骨架应方正，除预留出板面厚度外，基层骨架与预埋件的间隙应用胶合板填充，并连接牢固；安装洞口基层骨架时，一般先上端，后两侧，洞口上部骨架应与紧固件连接牢固，饰面板颜色、花纹应协调一致；板面应略大于搁栅骨架，大面应净光，小面应刮直，木纹根部应向下，长度方向需要对接时，花纹应通顺，接头位置应避开视线平视范围，接头应留在横撑上（图2-78）。

2. 窗帘盒施工

窗帘盒一般有两种形式，一种是装修空间中有吊顶，窗帘盒隐蔽在吊顶内，在制作顶部吊顶时就一同完成；另一种是装修空间中无吊顶，窗帘盒固定在墙上或与窗框套成为整体，无论哪种形式，窗帘盒都要与墙、顶面紧密结合起来。

（1）施工方法。首先，清理墙、顶面基层，放线定位，根据设计造型在墙、顶面上钻孔，安装预埋件；然后，根据设计要求制作木龙骨或木芯板窗帘盒，并做防火处理，安装到位，调整窗帘盒尺寸、位置、形状；接着，在窗帘盒上钉接饰面板与木线条收边，对钉头做防锈处理，将接缝封闭平整；最后，安装并固定窗帘滑轨，全面检查调整（图2-79～图2-84）。

图2-82 刷乳胶漆后安装滑轨

图2-83 明装窗帘盒粘贴石膏线条

图2-84 明装窗帘盒可用角钢焊接

图2-82 | 图2-83 | 图2-84

（2）施工要点。窗帘盒的规格为高100mm左右，单杆宽度为120mm左右，双杆宽度为150mm以上，长度最短应超过窗口宽度300mm，窗口两侧各超出150mm，最长可与墙体一致；制作窗帘盒使用木芯板，如饰面为清油涂刷，应采用与窗框套同材质的饰面板粘贴，粘贴面为窗帘盒的外侧面与底面；贯通式窗帘盒可直接固定在两侧墙面及顶面上，非贯通式窗帘应使用金属支架（图2-85）。

3. 家具柜件施工

常见的木质柜件包括鞋柜、电视柜、装饰酒柜、书柜、衣柜、储藏柜与各类木质隔板，木质柜件制作在木构工程中占有相当比重。下面就以衣柜为例，详细介绍施工方法与要点。

（1）施工方法。首先，清理制作衣柜的墙面、地面、顶面基层，放线定位，根据设计造型在墙面、顶面钻孔，放置预埋件；然后，对板材涂刷封闭底漆，根据设计要求制作指接板或木芯板柜体框架，调整柜体框架的尺寸、位置、形状；接着，将柜体框架安装到位，制作抽屉、柜门等构件，钉接饰面板与木线条收边，对钉头作防锈处理，将接缝封闭平整；最后，安装铰链、拉手、挂衣杆、推拉门等五金件，全面检查调整（图2-86～图2-102）。

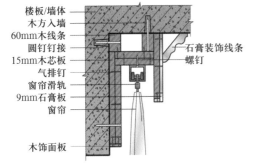

图2-85 窗帘盒构造

窗帘盒施工时为了保证窗帘盒安装平整，两侧距窗洞的长度应该相等，安装前要预先放线定位。

楼板/墙体
木方入墙
60mm木线条
圆钉钉接
15mm木芯板
气排钉
窗帘滑轨
9mm石膏板
窗帘
木饰面板
石膏装饰线条
螺钉

图2-86 刷清漆封闭木质纤维

图2-87 放线定位

图2-88 切割板材

图2-89 刨子抛光板材侧边

图2-90 气枪固定线条

图2-91 利用空间制作柜件

图2-92 保持距离防止受潮

图2-93 侧面用木质线条遮盖

图2-94 制作好柜件框架

图2-95 板材分配均衡

图2-96 薄木贴面板贴到木芯板上

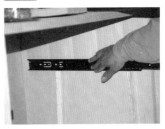

图2-97 安装抽屉滑轨

图2-98 滑轨需对齐平行

图2-99 开关抽屉测试

图2-100 衣柜抽屉宽度800mm

图2-101 顶部柜门为内嵌式

（2）施工要点。用于制作衣柜的指接板、木芯板、胶合板必须为高档环保材料，无裂痕、无蛀腐，且用料合理；制作框架前，板材表面内面必须涂刷封闭底漆，靠墙的一面须涂刷防潮漆，柜体深度应≤700mm，单件衣柜的宽度应≤1600mm，过宽的衣柜应分段制作再拼接，板材接口与连接处必须牢固；平开门的门板宽度一般应≤450mm，高度应≤1500mm，最好选用E0级18mm厚高档木芯板制作；薄木饰面板表面不能有缺陷，在完整的饰面上不能看到纹理垂直方向的接口，平行方向的接缝也要拼密，其他偏差范围应严格控制在有关审美范围之内；装饰面板时，要注意将该处的强、弱电线拉出，出线孔的位置、标高应符合原始设计要求；饰面板拼接花纹时，接口紧密无缝隙，木纹的排列应纵横连贯一致，安装时尽可能采用气排钉固定，控制钉孔的数量与明显度（图2-103）。

4. 实木地板施工

实木地板施工比较复杂，为了保障施工质量，不能在操作中删减材料与工艺。

（1）施工方法。首先，清理房间地面，根据设计要求放线定位，钻孔安装预埋件，并固定木龙骨；然后，对木龙骨及地面作防潮、防腐处理，铺设防潮垫，将木芯板钉接在木龙骨上，并在木芯板上放线定位；接着，从内到外铺装木地板，使用地板专用钉固定，安装踢脚板与分界条；最后，调整修补，打蜡养护（图2-104～图2-111）。

图2-102	图2-103	
图2-104	图2-105	图2-106	图2-107

图2-102 粘贴装饰贴纸

图2-103 衣柜板材构造

衣柜制作时需要注意到柜板承重的问题，木质装饰线条收边时应与周边构造平行一致，连接应紧密均匀。

图2-104 清理地面并放线定位

图2-105 使用电锤钻孔

图2-106 钉接木龙骨

图2-107 校对木龙骨平整度

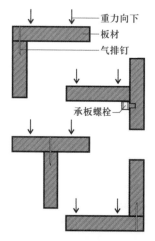

重力向下
板材
气排钉
承板螺栓

图2-108 撒活性炭防止受潮变形

图2-109 铺设防潮垫

图2-110 钉接木芯板

图2-111 铺装实木地板

图2-112 实木地板铺装构造

实木地板铺装时要注意，安装龙骨时，要用预埋件固定木龙骨，预埋件应该是膨胀螺栓，不能采用水泥钉替代，预埋件间距应≤600mm，应从地面钻孔向楼板内安装。

图2-113 塑料板材镶嵌构造

塑料板材镶嵌施工时，如果采用胶水粘接，表面不能看到明显痕迹，需要待全部构造制作完毕后才能揭开塑料板材的表面覆膜。

图2-108	图2-109	图2-110	图2-111
		图2-112	图2-113

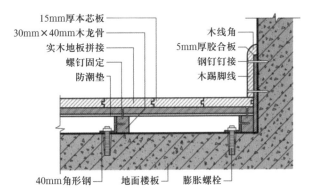
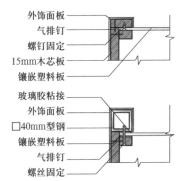

（2）施工要点。木地板安装前应进行挑选，剔除有明显质量缺陷的不合格品；将颜色花纹一致的预铺在同一空间内，有轻微质量缺欠但不影响使用的，可以铺设在床、柜等家具底部，同一空间的板材厚度应一致；铺装实木地板应避免在大雨、阴雨等气候条件下施工，最好能够保持室内温度、湿度的稳定；如果地面基层不平整，应该用水泥砂浆找平后再铺贴木地板，基层含水率应≤15%，实木地板要先安装地龙骨，再铺装木芯板，龙骨应使用松木、杉木等不易变形的树种，木龙骨、踢脚板背面均应进行防腐处理；铺实木地板时应采用木芯板作为基层板，对于防潮性较好的房间或高档实木地板也可以直接铺设在防潮垫上（图2-112）。

二、塑料板材施工

塑料板材在现代装修施工构造中不会单独使用，而是依靠其他材料为骨架或基层进行制作，常见的施工构造为塑料板材镶嵌与塑料扣板吊顶两类。

1. 塑料板材镶嵌施工

镶嵌构造是指将厚度适宜的塑料板材镶嵌在金属、木质、塑料框架中，从而形成围合结构，适用于透光灯箱、推拉门窗等构造。

（1）施工方法。首先，根据设计选择适当的框架材料，对框架材料进行加工、组装；然后，对塑料板材进行裁切加工，根据需要钻孔或安装连接件；接着，将塑料板材放置在框架中，并安装固定边条或螺丝；最后，调整修补，必要时采用胶水加固。

（2）构造要点。塑料板材镶嵌的边框材料各异，没有明确要求，但是边框强度应大于镶嵌板材的强度；塑料板材的厚度一般为3～15mm不等，过薄或过厚应采取其他加强措施，塑料板材镶嵌至边框中，周边与边框的接触面宽度应≥5mm，不能有明显松动；如果采用螺丝固定，其间距应≤400mm（图2-113）。

2. 塑料扣板吊顶施工

（1）施工方法。首先，根据设计在吊顶部位放线定位，在顶面、周边墙面安装膨胀螺栓；然后，对木龙骨材进行裁切加工，制作成龙骨架，安装在膨胀螺栓上；接着，采用专用图钉将塑料扣板依次固定在木龙骨上；最后，固定周边装饰线条，并进行调整。

（2）施工要点。塑料扣板的基层龙骨规格应根据施工面积来选用，一般采用30mm×40mm或50mm×70mm，如果吊顶面积过大，还应采用轻钢龙骨作加强支撑；龙骨架安装时应适当在中央部位起拱，即中央部位应高出周边约5～10mm，能避免日后塑料扣板下垂；如需在扣板上安装灯具、电器、设备，应根据产品实际尺寸开口，开口应精确，周边装饰线条仍需采用专用图钉安装在边龙骨上，而不能用胶水粘接（图2-114）。

三、金属板材施工

金属板材施工比较简单，一般多采用连接件、钢丝、铆钉等配件进行连接，局部可以采用焊接工艺，下面介绍铝合金扣板吊顶施工与薄不锈钢板饰面施工。

1. 铝合金扣板吊顶施工

（1）施工方法。装吊杆，下面挂接成品金属龙骨，制作成龙骨架；接着，将铝合金扣板边缘或背部插接在金属龙骨上；最后，固定周边装饰线条，并进行调整（图2-115～图2-120）。

（2）施工要点。铝合金扣板的形式主要有条形与方形两种，只是安装方法略有不同，都是需要预先安装吊杆、金属龙骨等固定件，布置好水电管线、设备后再扣接板材，最后采用配套铝合金边角线条修饰转角即可；铝合金扣板的龙骨一般都是配套产品，如果吊顶面积过大，还应采用轻钢龙骨作加强支撑，龙骨架安装时应适当在中央部位起拱，即中央部位应高出周边约

图2-114 塑料扣板吊顶构造

塑料扣板吊顶施工时要注意，安装扣板应从空间内部（靠窗）向外（靠门）逐块安装，图钉固定间距一般应不大于200mm。

图2-115 裁切安装在边缘的板材

图2-116 安装吊杆与连接件

图2-117 根据规格定制覆面龙骨间距

图2-118 提前安装排气管

图2-119 插接扣板

图2-120 揭掉扣板表层薄膜

图2-114		
图2-115	图2-116	图2-117
图2-118	图2-119	图2-120

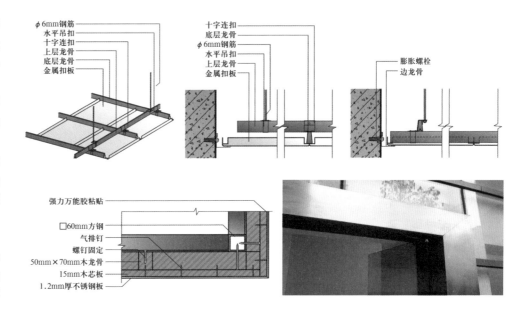

图2-121 铝合金扣板吊顶构造立体图

立体图形象地讲述了铝合金扣板施工时所需要的材料和具体的结构层次，是施工的一个有效依据。

图2-122 铝合金扣板吊顶构造正面图

正面图从另一个角度呈现了铝合金扣板吊顶的结构层次。

图2-123 铝合金扣板吊顶构造侧面图

侧面图有效地呈现了铝合金扣板吊顶和顶面边缘接触与连接时所运用到的施工方法和施工层次。

图2-124 薄不锈钢板饰面构造

施工时需要注意厚度大于2mm的不锈钢板可以在板材背后焊接挂件，指接钩挂在基层金属骨架上，挂接点之间的距离应不大于≤400mm。

图2-125 薄不锈钢板饰面门套

薄不锈钢板饰面门套钢板的裁切、弯压均采用了专用设备，不会变形。

5～10mm，能避免日后扣板下垂；安装扣板时应从空间内部（靠窗）向外（靠门）逐块安装，如需在扣板上安装灯具、电器、设备，应根据产品实际尺寸开口，开口应精确；周边装饰线条仍需采用专用连接件安装在边龙骨上，而不能用胶水粘接（图2-121～图2-123）。

2. 薄不锈钢板饰面施工

（1）施工方法。首先，根据设计在施工部位放线定位，在周边基层构造上安装膨胀螺栓；然后，对木龙骨或木芯板进行裁切加工，制作基层骨架，安装在膨胀螺栓上；接着，将薄不锈钢板弯压成型，采用强力万能胶粘贴在基层木芯板上；最后，在边角缝隙处填补玻璃胶，进行密封处理（图2-124）。

（2）施工要点。薄不锈钢板饰面构造一般采用厚0.8～1.2mm的不锈钢板，方便弯折，基层木芯板的厚度应为18mm厚，不宜采用单层指接板；不锈钢板拼接的缝隙一般应呈45°倾斜，不应产生缝隙，此外，由于不锈钢板价格较高，还要考虑不锈钢板加工或使用时应留的余量（图2-125）。

四、复合板材施工

复合板材由于材质不同，施工都不一样，但是都有一定的施工规律，用于室外的复合板材一般采取钉接、挂接的方式，需要采用金属、木材制作基层龙骨；用于室内的复合板材还可以采用粘接、扣接等方式，但是一般限于厚度≤5mm且质地轻盈的复合板材。

1. 铝塑复合板饰面施工

（1）施工方法。首先，根据设计在施工部位放线定位，采用木龙骨或型钢制作龙骨；然后，裁切15mm厚木芯板制作基层，将其钉接在龙骨上；接着，裁切铝塑复合板，采用强力万能胶粘贴在基层木芯板上；最后，在边角缝隙处填补密封胶，进行密封处理（图2-126）。

（2）施工要点。铝塑复合板饰面构造的基层一般采用木芯板，不应采用其他材料，建筑外墙安装也可以在铝塑复合板背后开孔，采用连接件挂接在金属龙骨上，挂接点之间的距离应≤400mm；铝塑复合板弯折时一般不宜裁切断开，应在弯折内侧切断表层铝板，并将芯层切除90°凹角，弯折后外表无任何缝隙；铝塑复合板的裁切、弯压应采用专用工具，不能直接手工弯压，避免发生变形，应采用聚氨酯环氧树脂胶粘贴或填补缝隙，不能采用其他替代产品。

2．水泥板饰面

（1）施工方法。首先，清理基层界面，分别放线定位，根据设计造型在顶面、地面、墙面钻孔，放置预埋件；然后，根据设计要求裁切水泥板，在对应预埋件的部位钻孔；接着，采用螺钉或螺丝穿过钻孔将水泥板固定在预埋件上；最后，配置调和水泥浆填补孔洞与缝隙，或采用成品构件作修饰，并全面检查（图2-127）。

（2）施工要点。现水泥板施工方便，钉子的吊挂能力好，手锯就可以直接加工；施工过程中可以不用制作基层板，直接可以固定在龙骨上或墙面上，小块板材造型可以使用强力万能胶粘贴，大块板材除了用螺钉或螺丝安装外，还可以先用1mm的钻头钻孔，然后用射钉枪固定，填补平整后，喷1～2遍水性哑光漆，待干即可；为了协调板材与基层材料的缩涨性差异，在安装时要适当保留缝隙，缝隙间距应≤800mm，缝隙宽度一般为3～4mm。

3．纸面石膏板隔墙施工

（1）施工方法。首先，清理基层界面，分别放线定位，根据设计造型在顶面、地面、墙面钻孔，放置预埋件；然后，沿着地面、顶面与周边墙面制作边框墙筋，并调整到位；接着，分别安装竖向龙骨与横向龙骨，并调整到位；最后，将石膏板竖向钉接在龙骨上，对钉头作防锈处理，封闭板材之间的接缝，并全面检查（图2-128～图2-136）。

图2-126 铝塑复合板饰面构造

饰面构造示意图呈现了铝塑复合板施工的结构层次。需要注意的是，铝塑复合板用于饰面安装时，在板材之间要保留缝隙，这样能防止板材缩涨，缝隙之间的间距一般为400~800mm。

图2-127 水泥板饰面构造

水泥板构造示意图具体地呈现了施工时的结构层次，以及具体会运用到的材料，施工时一定要控制好各细节部位的间距。

图2-128 竖向龙骨保持垂直

图2-129 纸面石膏板隔墙骨架

图2-130 固定构件

图2-131 隔墙中填充隔声材料

图2-132 加固木芯板

图2-133 封闭石膏板并放线定位自攻螺钉

图2-134 石膏板接缝要均

图2-135 自攻螺钉涂刷防锈漆

图2-136 接缝用封胶带粘贴并刮腻子找平

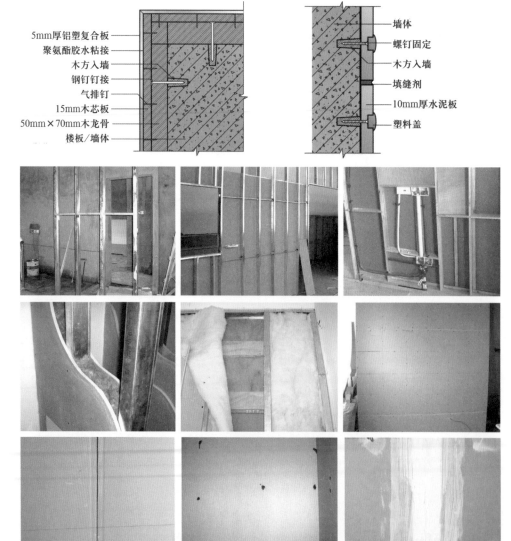

5mm厚铝塑复合板
聚氨酯胶防水粘接
木方入墙
钢钉钉接
气排钉
15mm木芯板
50mm×70mm木龙骨
楼板/墙体

墙体
螺钉固定
木方入墙
填缝剂
10mm厚水泥板
塑料盖

图2-137 纸面石膏板隔墙构造

构造示意图从立体和剖面两个方面讲解了纸面石膏板隔墙的构造层次，在施工时要注意龙骨的端部应安装牢固，龙骨与基层的固定点间距应不大于600mm，竖向龙骨间距应不大于400mm，安装贯通龙骨时，小于3m的隔墙安装1道，3~5m高的隔墙安装2道。

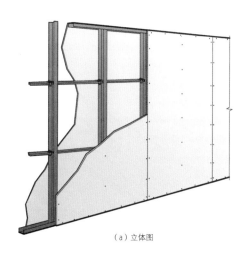

（a）立体图

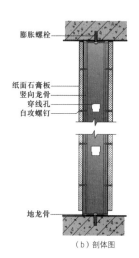

膨胀螺栓

纸面石膏板
竖向龙骨
穿线孔
自攻螺钉

地龙骨

（b）剖体图

（2）施工要点。由纸面石膏板隔墙最好采用安装轻钢龙骨制作骨架，应按弹线位置固定沿地、沿顶龙骨及边框龙骨，龙骨的边线应与弹线重合；饰面板接缝处如果不在龙骨上，应加设龙骨固定饰面板，安装纸面石膏板宜竖向铺设，长边接缝应安装在竖龙骨上；龙骨两侧的石膏板及龙骨一侧的双层板的接缝应错开安装，不能在同一根龙骨上接缝。轻钢龙骨应用自攻螺钉固定，钉接间距应≤200mm，安装石膏板时应从板材的中部向板的四周固定；钉头略埋入板内，但不得损坏纸面，钉头应进行防锈处理，石膏板接缝应按设计要求进行板缝处理。石膏板与周围墙或柱应留有3mm宽的槽口，以便进行防开裂处理（图2-137）。

★ 小贴士

软木墙板

软木墙板可分为纯软木墙板、复合软木墙板、静音软木墙板3类。

软木墙板适用于墙面铺装，具体尺寸视空间面积需求定制，一般规格为900mm×300mm×10mm等，价格为200~300元/m^2，纯软木墙板的价格较高，为300~500元/m^2。选购软木墙板时要注意板面是否光滑，有无鼓凸颗粒，软木颗粒是否纯净，地板边长是否直，检验板面弯曲强度，是否因弯曲产生裂痕。

1. 纯软木墙板。纯软木墙板厚度为4~5mm，花色纹理原始，并没有固定花纹，最大特点是用采用纯软木制成，质地纯净且环保。

2. 复合软木墙板。复合软木墙板构造一般为3层，表层与底层均为软木，中间层夹1块带企口（锁扣）的中密度板，厚度可达到10mm左右，里外两层软木能达到良好的静音效果。

3. 静音软木墙板。静音软木墙板是软木与纤维板的结合体，最底层为软木，表层为复合地板，中间层为中密度板，厚度可达到14mm，静音效果较好。

本章小结：

随着经济的发展和技术的提升，板材在施工工艺中得到了很广泛的使用。最早的板材是木工用的实木板，用做打制家具或其他生活设施，在科技大力发展的现今，板材的定义很广泛，在家具制造、建筑业、加工业等都有不同材质的板材。现如今设计师所提出的要求也越来越高，更多新鲜的新式板材正在被引进施工中。

第三章
美观细腻的装饰石材

识读难度： ★★★★☆

核心概念： 天然石材、人造石材、石材施工

章节导读： 随着科学技术的进步，近年来发展起来的人造石材无论在材料质地、生产加工、装饰效果、产品价格等方面都显示出了优越性，成为一种有发展前途的新型装饰材料。石材种类繁多，主要包括天然石材、人造石材两大类，其中天然石材质地厚实、色彩丰富，广泛用于各种室内外装修；人造石材中的艺术山石分类明确，主要用于装修中的艺术景观制作，具有古典气息。天然石材属于不可再生材料，因此价格较高，应用时要注意辨别品质，务必选用质地紧密、安全环保的产品。

第一节　天然石材

一、花岗岩

1. 定义

花岗岩又称为岩浆岩或火成岩，是地球上一种固有的物质形体，主要成分是石英、长石、云母与暗色矿物质（图3-1、图3-2）。

2. 特质

花岗岩具有良好的硬度，自重大，抗压强度和耐磨性好，耐久性高，不易风化，色泽持续力强且色泽稳重、大方。此外，花岗岩中所含的石英会在500～900℃时发生晶体变化，产生较大体积膨胀，致使石材开裂，因此，发生火灾时花岗岩不耐高温（图3-3、图3-4）。

3. 应用

花岗岩的应用繁多，一般用于中高档空间的墙、柱、楼梯踏步、地面、台柜面、窗台面的铺贴，尤其是面积较大的欧式风格装修空间运用较多。为了满足不同的应用部位，花岗岩表面通常被加工成剁斧板、机刨板、粗磨板、火烧板以及磨光板等样式（图3-5、图3-6）。

图3-1 花岗岩矿料

不同花岗岩颗粒大小不一，中晶花岗岩的颗粒粒径为2~8mm，粗晶花岗岩的颗粒粒径大于8mm，而斑状花岗岩中的颗粒粒径大小对比较为强烈。

图3-2 花岗岩铺地

由于花岗岩一般存于地表深层处，具有一定的放射性，大面积用在室内的狭小空间里，对人体健康会造成不利影响，因而一般只会小面积铺地。

图3-3 花岗岩板材

花岗岩板材结构细密，吸水率低，化学稳定性好，表面硬度大，可以用于门槛、台阶、踏步铺装。

图3-4 花岗岩样式

花岗岩按颜色、花纹、光泽、结构、材质等因素分不同等级，其中颜色与光泽因长石、云母及暗色矿物质而定，通常呈现灰色、黄色、深红色等多种样式。

图3-5 花岗岩墙面装饰

花岗岩自重较大，用于墙面装饰时一般会采用湿贴的方式，贴合需紧密。

图3-6 花岗岩立柱装饰

花岗岩用于立柱装饰一般出现在酒店、会馆、展馆等大型公众场所处。

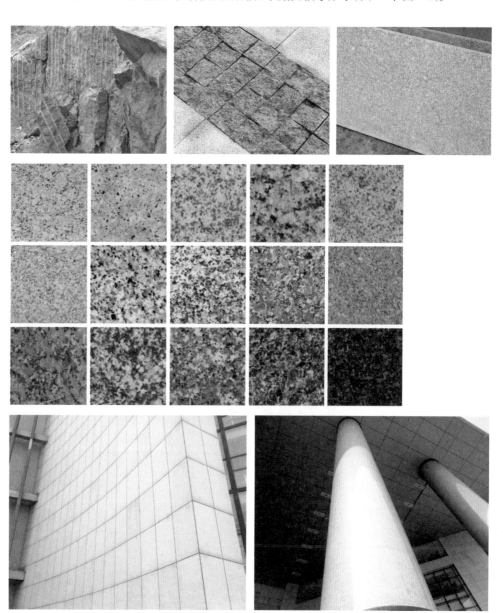

图3-1	图3-2	图3-3
图3-4		
图3-5	图3-6	

4. 规格与价格

花岗岩石材的大小可以随意加工，用于铺设室外地面的厚度为40～60mm，用于铺设室内地面的厚度为20～30mm不等，铺设台柜的厚度为18～20mm不等。市场上零售的花岗岩宽度一般为600～650mm，长度在2～6m不等，特殊品种也有加宽加长型，可以打磨边角。如果用于大面积墙、地面铺设，也可以订购同等规格的型材，例如：300mm×600mm×15mm、600mm×600mm×20mm、800mm×800mm×30mm等。其中，剁斧板的厚度一般均≥50mm。常见的20mm厚白麻花岗岩磨光板的价格为60～100元/m²，其他不同花色品种价格均高于此，一般为100～500元/m²不等。

5. 选购

（1）应仔细观察表面质地，优质花岗岩板材表面颗粒结构均匀，质感细腻。

（2）可以用卷尺测量花岗岩板材的尺寸规格，关键检查厚度尺寸，这在很大程度上关系着花岗岩板材的承载性能，以及其在施工、使用中是否容易破损等（图3-7～图3-9）。

二、大理石

1. 定义

大理石是地壳中原有的岩石经过地壳内高温高压作用形成的变质岩，主要由方解石、石灰石、蛇纹石、白云石组成（图3-10、图3-11）。

2. 特质

大理石与花岗岩一样，可用于室内外各部位的石材贴面装修，但是强度不及花岗岩，在磨损率高、碰撞率高的部位应慎重考虑。相对于花岗石而言，大理石的质地较软，密度与抗压强度均比花岗岩低，属于碱性中硬石材。大理石的表面也可以像花岗岩一样被加工成各种质地，用于不同部位。但是在实际装修中，大理石一般都以磨光板的形式出现，机刨板一般用于楼梯台阶、装饰线条（图3-12～图3-15）。

图3-7 测量尺寸

用于装修的多数花岗岩板材厚度均为20mm，少数厂家加工的板材厚度只有15mm，这一点在购买时要注意。

图3-8 铁锤敲击

用小铁锤敲击花岗岩板材，如果声音清脆则说明花岗岩板材致密、质地好，反之则说明板材的质量不高。

图3-9 砂纸打磨

采用0号砂纸打磨花岗岩的边角，如果不产生粉末则说明其密度较高，属于优质品。

图3-10 大理石矿料

大理石的主要成分以碳酸钙为主，约占50%以上，其他还有碳酸镁、氧化钙、氧化锰和二氧化硅等物质。

图3-11 大理石构造装饰

大理石纹理丰富，多用于墙体构造或台面构造装饰等，色泽亮丽，装饰效果很不错。

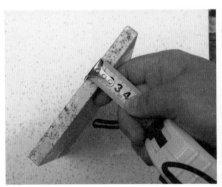

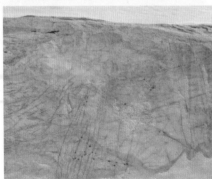

图3-12 大理石样式

天然大理石一般呈现为红、黄、黑、绿、棕等各色斑纹，色泽肌理的装饰性也都十分优异。

图3-13 大理石样本

大理石样本充分展现了大理石的花纹、规格、应用、价格等，选购时以此为参考。

图3-14 大理石线条

大理石有加宽加长型，属于特殊品种，这种类型的大理石可以打磨成各种边角装饰线条。

图3-15 大理石墙面装饰

大理石用于大面积墙和地面铺设时，可以订购同等规格的型材，例如300mm×600mm×15mm、600mm×600mm×20mm及800mm×800mm×30mm等。

图3-16 云灰大理石

云灰大理石花纹为灰色的色彩，有些云灰大理石的花纹很像水的波纹，又称水花石，纹理美观大方。

图3-17 单色大理石

单色大理石色彩单一，色泽洁白的汉白玉、象牙白等属于白色大理石，纯黑如墨的中国黑、墨玉等属于黑色大理石。

图3-18 彩花大理石

彩花大理石是层状结构的结晶或斑状条纹，经过抛光打磨后，可以呈现出各种色彩斑斓的天然图案，还能制成由天然纹理构成的山水、花木等美丽画面。

	图3-12	
图3-13	图3-14	图3-15
图3-16	图3-17	图3-18

3. 规格和价格

大理石石材的大小可随意加工，用于铺设室外地面的厚度为40～60mm，用于铺设室内地面的厚度为20～30mm不等，铺设家具台柜的厚度为18～20mm不等。市场上零售的花岗岩宽度一般为600～650mm，长度在2～6m不等。常见的20mm厚的桂林黑大理石磨光板价格为150～200元/㎡，其他不同花色品种价格均高于此，一般为200～600元/㎡不等。

大理石根据色彩纹理的不同可以分为云灰、单色、彩花三类，不同的花色适用于不同风格的空间（图3-16～图3-18）。

4. 选购

（1）优质大理石板材的厚度偏差应＜1mm，表面不能存在翘曲、凹陷、裂纹、砂眼、色斑，不能出现板体规格不一，如缺棱角、板体不正等缺陷。

（2）优质产品的色调基本一致，色差较小，花纹美观，目前，市场出现不少染色大理石，以红色、褐色、黑色系列居多，铺装后约6～10个月就会褪色，如果应用在受光部位，褪色会更明显。

（3）可以观察侧面与背面，染色大理石的色彩较灰或会呈现出深浅不一的变化，还需要注意的是染色石材虽然价格低廉，但染色料有毒害，褪色后严重影响装饰效果，自身强度也没有保证。

5. 花岗岩与大理石的区别

（1）表面色彩。花岗岩表面色彩比较灰暗，纯度较低，不太醒目，感觉比较平和，而大理石表面色彩比较鲜亮，纯度较高，特别艳丽，给人感觉比较华丽（图3-19）。

（2）纹理特征。花岗岩表面纹理大多呈颗粒状，比较平均，大理石表面纹理有单色、线纹、云纹、彩花等多种，虽然也有部分大理石的纹理呈颗粒状，但是其形态对比较大（图3-20）。

（3）质地硬度。用0号砂纸打磨石材的边角部位，不容易产生粉尘的石材为花岗岩，反之则是大理石。

★ 小贴士

青石板

青石主要是指浅灰色厚层状岩石，表面呈浅灰色、灰黄色，新鲜面呈棕黄色及灰色，局部褐红色，基质为灰色，一般呈块状构造及条状构造。青石厚度为20～50mm，边长100～600mm不等，表面凸凹平和。青石板价格较低，厚20mm的板材价格为30～50元/m²。

三、文化石

1. 定义

文化石是指开采于自然界的石材，主要是将板岩、砂岩、石英石等石材进行加工，使之成为一种装饰石材。

2. 特质

文化石材质坚硬、色泽鲜明、纹理丰富、风格各异，具有抗压、耐磨、耐火、耐寒、耐腐蚀、吸水率低等特点（图3-21）。

3. 应用

目前，文化石应用很广，一般用于酒吧、餐厅等高档公共空间，或用于家居空间的背景墙，也可以用于建筑外墙装饰（图3-22）。

4. 规格和价格

天然文化石的价格比较低廉，一般为40～80元/m²，规格多样，具体尺寸还可以定制生产。

5. 选购

（1）可以用卷尺测量文化石的边长，边长不大于300mm的石料其公差为±4mm，边长300～600mm的石料其公差为±7mm，高于此范围会影响施工质量（图3-23）。

图3-19 ｜ 图3-20 ｜ 图3-21

图3-19 墙面石材粘贴构造
大理石和花岗岩粘贴后的视觉效果是不一样的，花岗岩纹理更具体，而大理石一般色彩都比较纯。

图3-20 石材粘贴局部
花岗岩和大理石均具有一定的辐射性，适用于局部铺装，两者的装饰效果都十分好。

图3-21 文化石
文化石的装饰效果会受石材原有纹理限制，除了方形石外，其他的施工较为困难，尤其是拼接时要注意讲究色彩搭配。

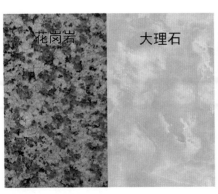

图3-22 文化石室内装饰

文化石运用于室内时能增强室内的古朴氛围，提高设计品位，且文化石可无限次擦洗。

图3-23 精确测量

选取文化石样品，用卷尺在各个方向测量，观察是否有误差。

图3-24 滴落酱油

选取文化石样品，放置于光线充足处，滴几滴酱油到文化石上，观察石材是否变色，不易变色的为优质品。

图3-25 聚酯人造石样式

聚酯人造石花纹、图案、色彩和质感都十分丰富，选购者可以根据喜好和需求来选择。

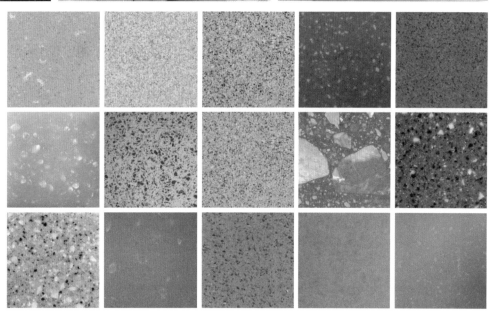

图3-22 | 图3-23 | 图3-24
图3-25

（2）检查石料的吸水性，可以在石料表面滴上少许酱油，观察酱油的吸收程度，不宜选择吸水性过高的文化石，否则在吸水的同时也容易吸附灰尘，使石材变色（图3-24）。

（3）在选购时应注意，单块文化石型材边长一般应不小于50mm，厚度应不小于10mm。

第二节　人造石材

一、聚酯人造石

1. 定义

聚酯人造石是以甲基丙烯酸甲酯、不饱和聚酯树脂等有机高分子材料为基体，以石渣、石料为填料，加入适量的固化剂、促进剂及调色颜料，经过固化而形成的石材产品（图3-25）。

2. 特质

聚酯人造石具有无毒性、无放射性、不粘油、不渗污、抗菌防霉、耐冲击、拼接无缝等优点。聚酯人造石的花纹、图案、颜色、质感均可以根据需要制作，变化丰富（图3-26）。

3. 应用

聚酯人造石通常用于制作卫生间台面、橱柜台面、窗台面、餐台等饰面板，也可以完全取代天然石材用于墙面、家具表面铺装，可以制作卫生洁具，如浴缸，带梳状台的单、双洗脸盆，立柱式脸盆等。另外，还可以制成人造石壁画、花盆、雕塑等工艺品（图3-27）。

图3-26 聚酯人造石样本

一般售卖石材的店面中都会配有石材样本，通过聚酯人造石样本可以清楚地了解聚酯人造石的图案、纹样和大致价格。

图3-27 聚酯人造石橱柜铺装

一般橱柜都可订制加工，商家包安装，包运输，聚酯人造石所制作的橱柜台面具备良好的洁净性，适合厨房内使用。

图3-28 砂纸打磨

可以采用0号砂纸打磨石材表面，容易产生粉末的质量较差，优质产品不会产生明显粉末。

图3-29 闻气味

可以将鼻子贴近石材闻气味，劣质产品的刺鼻气味很大，安装使用后直至1年都不会完全挥发，其中所含有的甲醛、苯也会对人体造成极大伤害。

图3-30 面光泽对比

大理石色泽比较透亮，有大面积的天然纹路。聚酯人造石颜色比较混浊，没有明显纹路，且纹理也很平庸。

图3-31 侧壁对比

聚酯人造石的侧壁在色彩上有一定的差异，上表层比较鲜亮，中下层比较黯淡，而大理石侧壁的色泽和质感比较统一。

图3-26	图3-27
图3-28	图3-29
图3-30	图3-31

大理石 聚酯人造石

大理石

聚酯人造石

4. 规格和价格

聚酯人造石宽度一般在650mm以内，长度为2.4~3.2m，厚度为10~15mm，聚酯人造石的综合价格为400~600元/m²。

5. 选购

（1）从表面上看，优质聚酯人造石经过打磨抛光后，表面晶莹光亮，色泽纯正，用手抚摸有天然石材的质感，无毛细孔（图3-28、图3-29）。

（2）劣质产品的表面发暗，光洁度差，颜色不纯，用手抚摸感到毛涩，有细孔。

（3）如果条件允许，可以取一块约30mm×30mm的人造石样本，用力向水泥地上摔，质量差的产品会摔成粉碎小块，优质产品一般只碎成2~3块，而不会粉碎，用力不大还会从地面上反弹起来。

6. 聚酯人造石与天然石材比较

（1）表面光泽。聚酯人造石和天然石材在光泽度和表面纹理上是有比较大的区别的，通过仔细观察其表面光泽，可以很快区分出两者（图3-30）。

（2）观察侧壁。通过对侧壁的观察，我们可以清楚地看到一般天然石材的侧壁色泽、纹理、质感均一致，表里如一；而聚酯人造石侧壁密度一般分为2~3个层次，上表层细腻，而中下层比较粗糙（图3-31）。

二、装饰石材一览表（表3-1）

表3-1   装饰石材一览表

名称		图例	性能特点	用途	参考价格
天然石材	花岗岩		硬度和抗压强度好，耐磨性好，耐久性高，不易风化，但自重大，有辐射	中高档空间墙柱、楼梯踏步、地面、台柜面、窗台面的铺贴	厚12mm，白麻花岗岩磨光板，60～100元/m²，其他花色，100～500元/m²
	大理石		质地较软，密度和抗压强度比花岗岩较低，装饰效果好	用于楼梯台阶、装饰线条等	厚20mm，桂林黑大理石磨光板，150～200元/m²，其他花色，200～600元/m²
	文化石		材质坚硬，色泽鲜明，纹理丰富，抗压、耐磨、耐火、耐寒、耐腐蚀	墙面装饰以及背景墙制作	40～80元/m²
人造石材	聚酯人造石		具有无毒性，无放射性，不沾油、不渗污、耐冲击、抗菌防霉	台面饰面板制作，墙面、家具表面铺装，洁具和工艺品制作	宽0.65m以内，长2.4～3.2m，厚10～15mm，400～600元/m²

★ 小贴士

天然石材的放射性

    天然石材是具有一定放射性的材料，但是市场上销售的石材都经过严格检验，其氡气的释放量都在安全范围以内。在选购时要辨清石材的颜色，暗色系列石材与灰色系列石材，其放射性元素含量都低于地壳平均值的含量；片麻状石材的放射性元素含量一般稍高于地壳平均值的含量（图3-32）。

图3-32 天然石材

天然石材铺装地面一般要进行分色与拼花设计，为了避免石材存在色差，石材的规格一般不大，这样能交替铺装具有色差的石材。

第三节　石材施工

一、天然石材施工

天然石材质地厚重，在施工中要注意强度要求，现场常用的墙面铺装方式为干挂与粘贴两种。干挂施工适用于面积较大的墙面装修，粘贴施工适用于面积较小的墙面及结构外部装修。

1. 天然石材干挂施工

（1）施工方法。首先，根据设计在施工墙面放线定位，采用角型钢制作龙骨网架，通过膨胀螺栓固定至墙面上；然后，对天然石材进行切割，根据需要在侧面切割出凹槽或钻孔；接着，采用专用连接件将石材固定至墙面龙骨架上；最后，调整板面平整度，在边角缝隙处填补密封胶，进行密封处理（图3-33）。

（2）施工要点。在墙上布置钢骨架，水平方向的角钢必须焊在竖向角钢上，按设计要求在墙面上制成控制网，由中心向两边制作，应标注每块板材与挂件的具体位置；安装膨胀螺栓时，按照放线的位置在墙面上打出膨胀螺栓的孔位，孔深以略大于膨胀螺栓套管的长度为宜，埋设膨胀螺栓并予以紧固；挂置石材时，应在上层石材底面的切槽与下层石材上端的切槽内涂胶，清扫拼接缝后即可嵌入橡胶条或泡沫条，并填补勾缝胶封闭；注胶时要均匀，胶缝应平整饱满，亦可稍凹于板面，并按石材的出厂颜色调色浆用来嵌缝，边嵌边擦干净，缝隙密实均匀、干净、颜色一致。

2. 天然石材粘贴施工

（1）施工方法。首先，清理墙面基层，必要时用水泥砂浆找平墙面，并作凿毛处理，根据设计在施工墙面放线定位；然后，对天然石材进行切割，并对应墙面铺贴部位标号；接着，调配专用石材黏接剂，将其分别涂抹至石材背部与墙面，将石材逐一粘贴至墙面；最后，调整板面平整度，在边角缝隙处填补密封胶，进行密封处理（图3-34、图3-35）。

（2）施工要点。施工前，粘贴基层应清扫干净，去除各种水泥疙瘩，采用1：2.5水泥砂浆填补凹陷部位，或对墙面作整体找平；涂抹黏接剂时应用粗锯齿抹子抹成沟槽状，以增强吸附力，黏接剂要均匀饱满。施工完毕后应养护7天以上。

二、人造石材饰面施工

1. 施工方法

首先，将施工基层杂物清理干净，并在四周墙壁上弹出标高水平线；采用水泥砂浆找平，并养护24小时，同时根据设计要求切割人造石材；接着，用较稠的素水泥浆铺在人造石材背面，将石材平整铺贴在基层上；最后，调整表面平整度，采用填缝剂填补缝隙（图3-36～图3-38）。

图3-33 | 图3-34 | 图3-35

图3-33 墙面石材干挂构造
通过墙面石材干挂构造示意图，我们可以了解到天然石材进行干挂时需要使用膨胀螺栓来进行加固，螺栓的尺寸要提前确定好。

图3-34 墙面石材粘贴构造
墙面石材粘贴时的石材黏接剂应选用专用产品，一般要依使用说明调配。

图3-35 石材粘贴局部
石材粘贴施工虽然简单，但是黏接剂成本较高，一般只适用于小面积施工。

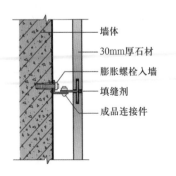
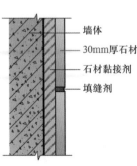

图3-36 水泥砂浆找平

图3-37 铺装石材

图3-38 调整石材平整度

图3-39 人造石材饰面构造

人造石材饰面施工时要清理台面基层，以此增强石材与铺贴面的黏结性。

图3-40 人造石材切割机

使用手持切割机时应握稳，避免抖动，并安装专用金刚石锯片。

图3-36	图3-37	图3-38
	图3-39	图3-40

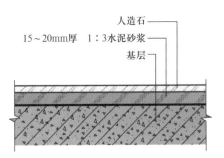

人造石

15~20mm厚 1:3水泥砂浆

基层

2. 施工要点

人造石材结构紧密，而且锯切中的脆性也高于石材，容易产生崩边缺陷，在切割过程中应确保平衡，尽量减低震动，特别是侧面摆动；尽量使用台式锯切机，以便从机械类型上易于保证加工平稳，人造石材必须在机器台面上摆放十分平稳，关键在于调整好进刀速度；切割时还应充分浇水冷却，注水水流要始终对准随时变动中的切割锋面，保证充分的冷却条件十分重要，否则切割锋面过热，甚至摩擦严重到发红打火，就极易导致裂纹隐伤或直接炸裂；采用人造石铺装地面时，要在铺设水泥砂浆时留一些沟槽，不同于石材、瓷砖须全部铺满水泥砂浆（图3-39、图3-40）。

本章小结：

现在的家居装修越来越崇尚自然，因此天然石材大批量地进入装饰装修行业，不仅用于豪华的公共建筑物，也进入了家居装修，且用量越来越大，在人们生活中起着重要作用。伴随着人民生活水平的不断提高，石材早已走进平常百姓家，广泛应用于地面铺装、橱柜和家具的台面装饰。

第四章

陶瓷与玻璃

识读难度： ★★★★☆

核心概念： 陶瓷砖、玻璃、墙地砖施工、玻璃安装

章节导读： 在装饰技术发展与生活水平提高的今天，陶瓷与玻璃制品的生产更加科学化、现代化，其品种、花色多样，性能也更加优良。陶瓷与玻璃制品也是现代装修中不可缺少的材料，这类材料具有平整的表面、光洁的质地，适用于潮湿、耐磨及户外等特殊装修空间，由于表面质地相差不大，在应用中要注意分析、识别。

第一节　陶瓷砖

一、釉面砖

1. 定义

釉面砖又称为陶瓷砖、瓷片，是陶瓷砖的典型代表，釉面砖是以陶土与瓷土为主要原料，加入助溶剂，经过研磨、烘干、烧结成型的陶瓷制品，表面可以制作成各种图案与花纹（图4-1～图4-3）。

2. 特点

由陶土烧制而成的釉面砖吸水率较高，重量较轻，强度较低，价格低廉；由瓷土烧制而成的釉面砖吸水率较低，重量较重，强度较高，价格较高（图4-4）。

釉面砖表面是釉料，耐磨性不及抛光转与玻化砖，且具有一定的放射性，因此，不符合出厂标准的劣质釉面砖危害性极大，不亚于天然石材。

3. 规格和价格

墙面砖规格一般为250mm×330mm×6mm、300mm×450mm×6mm、300mm×600mm×8mm等；高档墙面砖还配有相当规格的腰线砖、踢脚线砖、顶脚线砖等，均施有彩釉装饰，且价格高昂，其中腰线砖的价格是普通砖的5～8倍；地面砖规格一般为300mm×300mm×6mm、330mm×330mm×6mm、600mm×600mm×8mm等，中档瓷质釉面砖价格为40～60元/m²（图4-5）。

图4-1	图4-2	图4-3
图4-4		图4-5

图4-1 釉面砖

釉面砖的表面用釉料烧制而成，主体可以分为陶土与瓷土两种，陶土烧制出来的背面呈灰红色，瓷土烧制的背面呈灰白色。

图4-2 瓷土釉面砖背面

一般全瓷釉面砖的背面会呈现出乳白色，而陶质釉面砖的背面则会呈现出土红色。

图4-3 釉面砖表面

由于釉料与生产工艺不同，釉面砖的纹理也会有所不同，印花釉面砖表面可以制作成各种图案与花纹，装饰性很强。

图4-4 釉面砖铺装卫生间

纹理丰富，色泽亮丽的釉面砖可以很好地装饰卫生间，同时釉面砖具备良好的防潮性能，适用于卫生间潮湿的环境。

图4-5 釉面砖样式

在现代装修中，釉面砖品种样式繁多，主要用于餐厅、厨房、卫生间、阳台等室内外墙面铺装，其中瓷质釉面砖可以用于地面铺装。

4. 选购

（1）可将多块砖平整地放在地上，观察砖体是否平整一致，对角处是否嵌接整齐，没有尺寸误差与色差的为优质品（图4-6）。

（2）用手指垂直提起陶瓷砖的边角，让瓷砖自然垂下，用另一手指关节部位轻敲瓷砖中下部，声音清亮响脆的是优质品，而声音沉闷混浊的是劣质品（图4-7）。

（3）要注意优质陶瓷砖密度较高，吸水率低，强度好，而劣质陶瓷砖密度很低，吸水率高，强度差，且铺装完成后，水泥的黑灰色会透过砖体显露在表面（图4-8）。

二、通体砖

1. 定义

通体砖又称为无釉砖，是表面不施釉的陶瓷砖，因此正反两面材质与色泽一致，只不过正面有压印的花色纹理。目前多数防滑陶瓷砖都属于通体砖，部分产品采用岩石碎屑经过高压压制而成，表面抛光后坚硬度可与石材相比，吸水率更低，耐磨性更好。

2. 分类

（1）抛光砖。抛光砖是通体砖坯体的表面经过打磨而成的一种光亮的通体砖，采用黏土与石材粉末经压制，然后经过烧制而成，正面与反面色泽一致，不上釉料（图4-9）。

1）特点。抛光砖坚硬耐磨，抗弯曲强度大，在生产过程中由数千吨液压机压制，再经1200℃以上高温烧结，具有强度高、砖体薄、重量轻、防滑等功能。抛光砖在生产时所留下的凹凸气孔还会藏污纳垢，这也造成了抛光砖表面很容易渗入污染物。因此，优质抛光砖在出厂时都会增加一层被称为超洁亮的防污层（图4-10）。

2）规格和价格。抛光砖的规格通常为300mm×300mm×6mm、600mm×600mm×8mm、800mm×800mm×10mm等，中档产品的价格为60～100元/m²（图4-11）。

图4-6 色差对比

取几块釉面砖样品，平整地放在地上，在光线充足的情况下看砖体是否平整一致，对角处是否嵌接整齐，没有尺寸误差与色差的为优质品。

图4-7 测量尺寸

取釉面砖样品，用卷尺测量釉面砖的尺寸，检查四边尺寸是否符合标准尺寸，测量时注意与边角平行。

图4-8 滴水测试

取釉面砖样品，将瓷砖背部朝上，滴入少许淡茶水，如果水渍扩散面积较小则该瓷砖为优质品，反之则为劣质品。

图4-9 抛光砖展示

商店展示的抛光砖都会带有相应的产品标识，主要包括生产厂家、价格、规格和尺寸等。

图4-10 抛光砖铺贴

抛光砖多用于地面铺贴，用于客厅地面时既能起到很好的装饰作用，同时也方便清洁，也不会使人轻易跌倒，安全系数比较高。

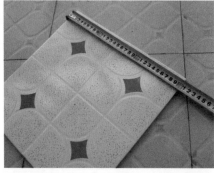

图4-6	图4-7	图4-8
	图4-9	图4-10

图4-11 抛光砖样式

抛光砖一般用于相对高档的装修空间，商品名称很多，如铂金石、银玉石、钻影石、丽晶石、彩虹石等。

图4-12 玻化砖

玻化砖是采用优质高岭土经强化高温烧制而成，质地为多晶材料，具有很高的强度与硬度，其表面光洁而又无需抛光，因此不存在抛光气孔的污染问题。

图4-13 玻化砖铺装

玻化砖铺装完毕后，要对砖面进行打蜡处理，否则液态污渍会渗入砖面的微孔中形成花斑，最终影响美观。

图4-14 玻化砖拼花铺装

玻化砖拼花铺装一般以中大尺寸产品为主，产品最大规格可以达到1200mm×1200mm，主要用于大面积客厅，装饰效果十分不错。

图4-15 玻化砖样式

玻化砖主要用于大面积空间的地面铺装，产品种类有单一色彩效果、花岗岩外观效果、大理石外观效果及印花瓷砖效果等。

图4-11		
图4-12	图4-13	图4-14
图4-15		

3）选购。将4块砖平整地摆放在地面上，观察边角是否能完全对齐，观察是否有起翘、波动感；可以用卷尺仔细测量各砖块的边长与厚度，优质产品的边长尺寸误差应小于1mm；也可以用0号砂纸打磨砖体表面，以不掉粉尘为优质产品。

（2）玻化砖。玻化砖又称为全瓷砖，是通体砖表面经过打磨而成的光亮瓷砖，属通体砖中的一种（图4-12）。

1）特点。一般而言，吸水率<0.5%的瓷砖都称为玻化砖，不少玻化砖具有天然石材的质感，而且具有高光度、高硬度、高耐磨、吸水率低、色差小等优点，其色彩、图案、光泽等都可以人为控制，铺装在墙、地面上能起到隔声、隔热的作用，而且它比大理石轻便（图4-13、图4-14）。

2）规格和价格。玻化砖尺寸规格一般较大，通常为600mm×600mm×8mm、800mm×800mm×10mm、1000mm×1000mm×10mm、1200mm×1200mm×12mm，中档产品的价格为80～150元/m²（图4-15）。

3）选购。要注意与常规抛光砖区分开；可以掂量比较相同规格、相同厚度的瓷砖，手感较重的为玻化砖，手感轻的为抛光砖；此外，从表面上来看，玻化砖完全不吸水，即使洒水至砖体背面也不应该有任何水迹扩散的现象。

（3）微粉砖。微粉砖是在玻化砖的基础上发展起来的一种全新通体砖，所使用的胚体原料颗粒研磨得非常细小，通过计算机随机布料制胚，经过高温高压煅烧，对表面抛光而成，其表面与背面的色泽一致（图4-16）。

1）特点。微粉砖改善了传统抛光砖花色图案单调、砖体表面光泽度差、耐磨性差、防污抗渗能力低等弊端，其花色图案自然逼真，石材效果强烈，采用了超细的原料颗粒，产品光洁耐磨，不易渗污，铺装效果协调、自然（图4-17）。

2）规格和价格。微粉砖尺寸规格一般较大，通常为800mm×800mm×10mm、1000mm×1000mm×10mm、1200mm×1200mm×12mm，中档产品的价格为100～200元/m²（图4-18）。

3）选购。选购微粉砖时要注意与其他通体砖区分，微粉砖最显著的特征是表面的纹理不重复，正反色彩一致，完全不吸水，泼洒各种液体至表面、背面均不会出现任何细微的吸水状态；还可以采用尖锐的钥匙或金属器具在其表面磨划，优品不会产生任何划痕（图4-19、图4-20）。

三、其他饰面砖

在现代装修中，除了在主要空间的墙、地面铺装上述砖材外，在一些特殊功能空间，或要求营造出特殊设计风格的空间，还需要铺装更有特色的装饰面砖。

1. 劈离砖

（1）定义。劈离砖又称为劈开砖或劈裂砖，它是以长石、石英、高岭土等陶瓷原料经干法或湿法粉碎混合后制成具有可塑性的湿坯料，经机械挤压成双面扁薄，在高温下烧结而成（图4-21）。

（2）特点。劈离砖的强度高，吸水率＜6%，表面硬度大，防潮防滑，耐磨耐压，耐腐抗冻，急冷急热性能稳定。劈离砖坯体密实，背面凹纹与粘结砂浆形成完美结合，能保证铺装时黏结牢固。劈离砖种类很多，色彩丰富，颜色自然柔和，表面质感变幻多样，或细质轻秀，或粗质浑厚（图4-22、图4-23）。

（3）规格和价格。劈离砖的主要规格为240mm×52mm、240mm×115mm、194mm×94mm、190mm×190mm、240mm×115mm等，厚8～13mm不等，价格为30～40元/m²。

（4）选购。选购劈离砖主要注意平整度与尺寸精度，多数劈离砖产品表面并不十分平整，那是因为要仿制出黏土砖的砌筑效果，但也不能完全变形；观察多块劈离砖表面，其起伏形态应该一致，此外，边角应当完整而不残缺。

★ **小贴士**

陶瓷砖铺装用量换算方法

以每平方米为例，250mm×330mm的砖材需要12.2块；300mm×450mm的砖材需要7.4块；300mm×600mm的砖材需要5.6块；600mm×600mm的砖材需要2.8块；800mm×800mm的砖材需要1.6块。在铺装时遇到边角需要裁切，需计入损耗。地砖所需块数可按下式计算：地砖块数＝（铺设面积/每块板面积）×（1＋地砖损耗率）；地砖损耗率为2%～5%，砖材规格越大，损耗率就越大。

2. 彩胎砖

（1）定义。彩胎砖又称为耐磨砖，是一种本色无釉的瓷质墙、地饰面砖，彩胎砖主要采用彩色颗粒土原料混合配料，压制成多彩坯体后，经一次烧结成形（图4-24）。

（2）特点。彩胎砖吸水率＜1%，表面呈多彩细花纹，富有天然花岗岩的纹理特征，有多种基色，但是色调较灰，纹点细腻，色调柔和莹润，质朴高雅（图4-25）。

图4-21 | 图4-22 | 图4-23

图4-21 劈离砖样本
劈离砖是在1100℃以上的高温下烧成，并在烧结完成后将其沿着筋条最薄弱的连接部位劈开而成两片。

图4-22 劈离砖铺装
劈离砖可以根据设计风格局部铺装在室内各种立柱、墙面上，用于仿制黏土砖的砌筑效果，给人怀旧感。

图4-23 劈离砖铺装碰角
劈离砖碰角和瓷砖碰角一样，都是为了更好地装饰空间，铺装时还可以采用专用瓷砖胶来粘贴。

图4-24 彩胎砖

彩胎砖表面有平面和浮雕型两种，又有无光、磨光与抛光之分，抗折强度大于27MPa，耐磨性很好。

图4-25 彩胎砖铺装

彩胎砖由于比较耐磨，主要用于大型室内公共活动空间的墙、地面铺装，也可以与玻化砖等光亮的砖材组成几何拼花，还可用于住宅厅堂的墙面装饰，不仅美观，而且耐用。

图4-26 仿古砖

仿古砖多采用自然色彩，尤其是采用单一或复合的大自然色彩，以及较为抽象的色彩，如春、夏、秋、冬季节对自然色彩的影响来达到装饰的效果。

图4-27 仿古砖铺装

仿古砖的应用非常广泛，可以用于面积较大的门厅、大堂、庭院、广场等空间的地面铺装，还可以用于具有特殊设计风格的西餐厅、厨房、卫生间的墙地面铺装。

图4-24	图4-25
图4-26	图4-27

（3）规格和价格。彩胎砖的最小规格为100mm×100mm，最大规格为600mm×600mm，厚度为5~10mm不等，价格为40~50元/m²。

（4）选购。彩胎砖的市场占有率不高，质量比较均衡，选购时注意外观完整性即可。由于彩胎砖表面无釉，在使用中要防止酸、碱含量高的溶剂对它造成腐蚀。

3. 仿古砖

（1）定义。仿古砖是从彩色釉面砖演化而来的产品，实质上还是上釉的瓷质砖，仿古指的是砖的表面效果，也可以称为具有仿古效果的瓷砖，它与普通瓷砖不同的是在烧制过程中使用模具压印在砖坯体上，铸成凹凸的纹理，再经过施釉烧制而成（图4-26）。

（2）特点。仿古砖的设计图案、色彩是所有装饰面砖中最为丰富多彩的，实用性强，使用寿命长，使用频率高。仿古砖同时具备良好的防滑性能，亚光的色泽也使得仿古砖几乎不存在任何光污染问题。

仿古砖的瓷质底本身和抛光砖没有区别，区别只是白度上和可抛光上的配方。因此，仿古砖坯体吸水率完全可以达到0.1%左右，和抛光砖没有区别，但是两个砖的表面情况完全不同，仿古砖表面永远不吸水和油污（图4-27）。

（3）规格和价格。仿古砖的规格与常规釉面砖、抛光砖一致，用于墙面铺装的仿古砖规格为250mm×330mm×6mm、300mm×450mm×6mm、300mm×600mm×8mm等，用于地面铺装的仿古砖规格为300mm×300mm×6mm、600mm×600mm×8mm。

此外，不少品牌产品还设计出特殊规格用于拼花铺装，具体规格根据厂家设计而定制，中档仿古砖价格为80~120元/m²，带有特殊规格拼花砖的产品价格要上浮20%~50%，仿古砖的选购识别方法与瓷质釉面砖一致。

4. 锦砖

锦砖又称为马赛克、纸皮砖，是指在装修中使用各种装饰图案的片状小砖。锦砖具有晶莹、细腻的质感，体现出材料的高贵感，锦砖砖体薄，自重轻，铺装后不易脱落。即使少数砖块掉落下来，也不会构成危险性，而且方便修补。

（1）石材锦砖。石材锦砖是指采用天然花岗岩、大理石加工而成的锦砖，在1片石材锦砖中，往往会搭配多种不同色彩、质地的天然石片，使锦砖的铺装效果特别丰富。用于生产石材锦砖的原料各异，对原料的体量无特殊要求，一般利用天然石材的多余角料进行生产，节能环保。

1）特点。石材锦砖上的组合体块较小，表面一般被加工成高光、亚光、粗磨等多种质地，多种色彩相互配，装饰效果特别出众。目前，还有很多产品在其中加入了部分陶瓷锦砖、玻璃锦砖，以提升石材锦砖的光亮度，丰富石材锦砖的层次。

2）规格和价格。石材锦砖一般用于各种空间的墙、地面局部铺装，不适合大面积铺装。石材锦砖的规格多样，一般单片锦砖的通用规格为边长300mm，小块石材规格不定，边长为10~50mm不等，厚度为5~10mm，石材之间的间距或疏或密，一般不大于3mm，价格为30~40元/片（图4-28）。

（2）陶瓷锦砖。陶瓷锦砖又称为陶瓷什锦砖、纸皮瓷砖、陶瓷马赛克，为了制成各种颜色的陶瓷锦砖，在生产过程中，往泥料中加入着色剂，最终经过高温烧制成。

1）特点和应用。陶瓷锦砖不仅具有质地坚实、色泽美观、图案多样的优点，而且具有抗腐蚀、耐磨、耐污染、自重较轻、吸水率小等优质性能。陶瓷锦砖一般用于各种空间的墙、地面局部铺装，不适合大面积铺装。

2）规格和价格。陶瓷锦砖的规格多样，不同厂商开发的产品各异，一般单片锦砖的通用规格为边长300mm，其中小块陶瓷规格不定，边长为10~50mm不等，小块石材的厚度为4~6mm，小块陶瓷之间的间距比较均衡，一般为2mm左右，价格为10~25元/片（图4-29）。

图4-28 石材锦砖样式

石材锦砖纹样丰富，视觉效果好，能自由组装成不同图案，从而也增强了锦砖的装饰效果。

图4-29 陶瓷锦砖样式

陶瓷锦砖具有多种色彩，其间可以镶嵌各种不同形状的小块砖，镶拼成各种花色图案，小块砖可以烧制成方形、长方形、六角形等多种形态。

图4-28
图4-29

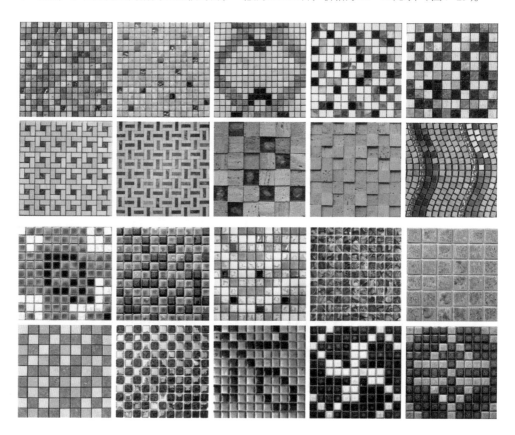

（3）玻璃锦砖。玻璃锦砖又称为玻璃马赛克、玻璃纸皮砖，是一种小规格的彩色饰面玻璃，是具有多种颜色的小块玻璃镶嵌材料。

1）特点。玻璃锦砖带有金属色斑点、花纹或条纹，能增显装修空间的档次，其正面光泽滑润细腻，背面带有较粗糙的槽纹，以便用于粘贴铺装，色泽也十分绚丽多彩，典雅美观、质地坚硬、性能稳定，一般用于各种空间的墙、地面局部铺装，不适合大面积铺装。

2）规格和价格。玻璃锦砖的规格多样，不同厂商开发的产品各异，一般单片锦砖的通用规格为边长300mm，其中小块玻璃规格不定，边长为10～50mm不等，小块玻璃的厚度为3～5mm，小块玻璃之间的间距比较均衡，一般为3mm左右，价格为25～40元/片（图4-30）。

3）选购。不同品种的锦砖质量有差异，但是选购方法基本相同，可以将2～3片锦砖平放在采光充足的地面上，目测距离为1m左右，优质产品应无任何斑点、粘疤、起泡、坏粉、麻面、波纹、缺釉、棕眼、落脏、熔洞等缺陷；一般天然石材锦砖允许存在一定的细微孔洞，瑕疵率应<5%；此外，可以用双手拿捏在锦砖一边的两角上，使整片锦砖直立，然后自然放平，反复5次，以不掉砖为优质产品（图4-31～图4-33）。

★ 补充要点

超洁亮

超洁亮是在抛光砖、玻化砖表面增加的纳米级保护层，它具有特殊防护功能，且结构稳定，主要用于提升砖材表面的防污性能，同时也增强了砖材表面的光泽度，其材料完全填补了砖材表面的气孔与微裂纹，因而能保证抛光砖、玻化砖具有防污性。普通抛光砖光泽度为50%，而应用超洁亮技术可达90%以上，接近镜面效果，使装饰空间光洁明亮、清新华丽。

图4-30

图4-31 | 图4-32 | 图4-33

图4-30 玻璃锦砖样式

玻璃锦砖样式丰富，主要包括水晶玻璃马赛克、金星玻璃马赛克、珍珠光玻璃马赛克、云彩玻璃马赛克及金属马赛克等系列。

图4-31 玻璃锦砖铺贴

玻璃锦砖能烘托空间氛围，用于卫生间墙柱转角处能避免磕碰。

图4-32 测量尺寸

可以用卷尺仔细测量锦砖边长，标准产品的边长为300mm。

图4-33 剥揭测试

可以将整片锦砖卷曲，然后伸平，反复5次，以不掉砖为优质产品。

四、陶瓷砖一览表（表4-1）

表4-1　　　　　　　　　　　　　　　　陶瓷砖一览表

名称			图例	性能特点	用途	参考价格
釉面砖				陶土釉面砖吸水率高，重量轻，价格低；瓷土釉面砖吸水率高，重量重	墙、地面铺装	300mm×300mm×6mm、600mm×600mm×8mm等，中档，40～60元/m²
通体砖	抛光砖			坚硬耐磨，抗弯曲强度大，强度高，砖体薄，重量轻，具有防滑功能	地面铺装	300mm×300mm×6mm、600mm×600mm×8mm等，中档，60～100元/m²
	玻化砖			硬度高，耐磨，吸水率低，色差少，隔音，隔热	墙、地面铺装	600mm×600mm×8mm、800mm×800mm×10mm等，中档，80～150元/m²
	微粉砖			花色自然逼真，石材效果强烈，表面光洁耐磨，不易渗污	地面铺装	800mm×800mm×10mm、1200mm×1200mm×12mm等，中档，100～200元/m²
其他饰面砖	劈离砖			强度高，防潮、防滑，耐磨、耐压，耐腐抗冻	立柱、墙面铺装	240mm×52mm、240mm×115mm等，厚8～13mm，30～40元/m²
	彩胎砖			纹理丰富，纹点细腻，色调柔和，耐磨性好	大型室内公共空间墙、地面铺装	100mm×100mm、600mm×600mm等，厚5～10mm，40～50元/m²
	仿古砖			色彩丰富，实用性强，使用寿命长，耐磨、防滑性好	墙、地面铺装	墙面300mm×600mm×8mm等；地面300mm×300mm×6mm等，中档，80～120元/m²
	锦砖	石材锦砖		铺装效果丰富，节能环保，光亮度比较高	墙面装饰铺装	单片长300mm，小块厚5～10mm，30～40元/片
		陶瓷锦砖		质地坚实，色泽美观，图样丰富，耐磨，抗腐蚀，耐污染，自重轻	墙、地面局部铺装	单片长300mm，小块厚4～6mm，10～25元/片
		玻璃锦砖		光泽细腻，色泽绚丽多彩，质地坚硬，性能稳定	墙、地面局部装饰铺装	单片长300mm，小块厚3～5mm，25～40元/片

第二节　墙地砖铺装施工

一、墙面砖施工

在现代装修中，装饰面砖的施工是一项技术性极强且非常耗费工时的项目，选购的优质材料还需经过严谨的构造设计，最终赋予施工。

1．施工方法

首先，铺装前应先清理墙面基层，铲除水泥结块，平整墙角，但是不要破坏防水层。同时，选出用于墙面铺装的瓷砖浸水后取出晾干。然后，配置水泥砂浆或素水泥待用，对铺装墙面洒水，并放线定位，精确测量转角、管线出入口的尺寸并裁切瓷砖。接着，在瓷砖背部涂抹水泥砂浆或素水泥，从下至上准确粘贴到墙面上，保留的缝隙要根据瓷砖特点来定制。最后，采用瓷砖专用填缝剂填补缝隙，使用干净抹布将瓷砖表面擦拭干净，养护待干（图4-34~图4-45）。

2．施工要点

选砖时要仔细检查墙面砖的几何尺寸、色差、品种，以及每一件的色号，防止混淆，产生色差。铺装墙面如果是涂料基层，必须洒水后将涂料铲除干净并凿毛，施工前应检查基层的平整度，可用1：3水泥砂浆找平。

墙砖粘贴时，缝隙应不大于1mm，横竖缝必须完全贯通，严禁错缝，墙砖误差可大于1mm，砖缝缝宽调宽至2mm。墙砖铺装时应用1m长的水平尺检查平整度，误差为1mm，用2m长的水平尺检查，误差应小于2mm，相邻砖之间不能有误差。

图4-34　瓷砖需浸泡后晾干

图4-35　定位保留开关位置

图4-36　切割瓷砖需要浇水

图4-37　贴墙面砖

图4-38　涂满素水泥

图4-39　向上推压贴紧

图4-40　插入牙签保持平整度

图4-41　用水平尺校对并修正

图4-42　固定平整瓷砖

图4-43　插座面板用线盒封闭

图4-44　墙面灯具留出电线

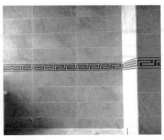
图4-45　用填缝剂修补平整

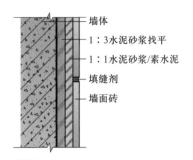

图4-46 墙面砖铺装构造

通过墙面砖铺装构造示意图，可以清楚地了解到用于墙砖铺装的水泥砂浆体积比一般为1∶1，也可用素水泥铺装。

墙砖镶贴要用橡皮锤敲击固定，砖缝之间的砂浆必须饱满，严防空鼓，墙砖的最上层铺装完毕后，应用水泥砂浆将上部空隙填满。墙砖铺完后1小时内必须用专用填缝剂勾缝，并保持墙砖表面清洁（图4-46）。

★ 小贴士

根据空间的格局及品位挑选瓷砖很重要，但接下来铺贴这一环节也绝不可疏忽，铺贴不佳不仅影响美观，严重时还需要拆掉重铺，不仅花费了更多的时间，财力、物力都会加倍，为了避免这种现象的出现，在铺贴瓷砖之前一定要做好相应的准备工作，严格按照铺贴的方法来进行。

在家居装修中，墙砖铺贴是技术性极强且非常耗费工时的施工项目。一直以来，墙面砖铺装水平都是衡量装修质量的重要参考，很多业主甚至能自己动手铺贴瓷砖，但是现代装修所用的墙砖体块越来越大，如果不得要领，铺贴起来会很吃力，而且效果也不好。墙面砖铺装要求粘贴牢固，表面平整，且垂直度标准，具有一定施工难度。

二、地面砖施工

1. 施工方法

首先，应清理地面基层，铲除水泥疙瘩，平整墙角，但是不要破坏建筑结构。然后，配置水泥砂浆待干，对铺装地面洒水，放线定位，并对地面砖进行裁切，普通釉面砖与抛光砖仍需浸水后取出晾干，将地砖预先铺设并依次标号。接着，在地面上铺设平整且较干的水泥砂浆，依次将地砖铺到地面上。最后，采用专用填缝剂填补缝隙，使用干净抹布将瓷砖表面的水泥擦拭干净，养护待干（图4-47～图4-55）。

图4-47 将地面基层打扫干净

图4-48 地砖需浸泡3～5小时后晾干

图4-49 地砖采取干铺工艺

图4-50 地砖背面涂抹较干的素水泥

图4-51 铺贴时小心轻放

图4-52 铺贴时需对正地砖花纹

图4-53 橡皮锤敲击四角地砖对齐

图4-54 铺贴时随时用水平尺校正

图4-55 地砖铺贴交界处使用门界石

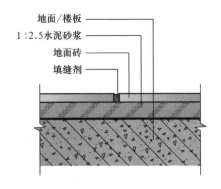

图4-56 地面砖铺装构造

通过地面砖铺装构造示意图，可以清楚地了解到地面砖铺装需要使用1:2.5水泥砂浆，砂浆应为干性，手捏成团稍出浆即可，黏接层厚度也应不小于12mm，灰浆饱满，不能空鼓。

（图示标注：地面/楼板、1:2.5水泥砂浆、地面砖、填缝剂）

2. 施工要点

地面上刷一遍素水泥浆或直接洒水，注意不能积水，防止通过楼板缝渗到楼下，当地面高差超过20mm时，就要做一遍水泥砂浆找平层。

地砖铺装前应经过仔细测量，再通过计算机绘制铺设方案，统计出具体地砖数量，以排列美观和减少损耗为目的，并且重点检查空间的几何尺寸是否整齐。

铺装之前要在横竖方向拉十字线，地砖之间的缝宽为1mm左右，不能大于2mm，要注意地砖是否需要拼花或是按统一方向铺装，切割地砖一定要准确，预留毛边后打磨平整、光滑。

地砖铺设时应随铺随清，随时保持清洁干净，可以采用棉纱或锯末清扫。平整度要用长1m以上的水平尺检查，相邻地砖高度误差应不大于1mm，地砖勾缝在24小时内进行，并做养护和一定的保护措施（图4-56）。

★ 补充要点

地砖铺贴注意事项

在贴地砖时就应及时清理砖缝中的泥水浆和其他杂物，并用湿布擦去污渍。如果等到泥水浆干硬后再清理，不仅费时费力，效果差，更有可能因此给瓷砖釉面带来永久性损伤。

地面砖一般为高密度瓷砖、抛光砖、玻化砖等，铺贴的规格较大，不能有空鼓存在，铺贴厚度也不能过高，避免与地板铺设形成较大落差，因此，地面砖铺贴难度相对较大。

三、锦砖铺装施工构造

1. 施工方法

首先，应清理墙、地面基层，铲除水泥结块，平整墙角，但是不要破坏防水层。同时，检查并选出用于铺装的玻璃锦砖。然后，配置水泥砂浆或素水泥待用，对铺装墙、地面洒水，并放线定位，裁切玻璃锦砖。接着，在铺装界面与玻璃锦砖背面部分别涂抹水泥砂浆或素水泥，依次准确粘贴到墙面上。最

图4-57 铺贴前检查锦砖

图4-58 调和均匀锦砖填缝剂

图4-59 铺贴阳角处预留2~3单元的距离

图4-60 预留开关插座面板位置

图4-61 接缝处修补嵌缝

图4-62 铺贴的内外转角应平整一致

图4-57	图4-58	图4-59
图4-60	图4-61	图4-62

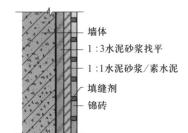

图4-63 锦砖墙面铺装构造

通过锦砖墙面铺装构造示意图，可以清楚地了解到锦砖铺装时需要在墙面上涂抹一层薄的1:1水泥砂浆或素水泥，厚3~5mm，涂刷完毕后需用靠尺刮平，并用抹子抹平。

后，揭开玻璃锦砖的面网，采用玻璃锦砖专用填缝剂擦补缝隙，使用干净抹布将玻璃锦砖表面的水泥擦拭干净，养护待干（图4-57~图4-62）。

★ 小贴士

墙面砖与地面砖

首先，墙砖用于装饰室内墙面，应避免使其受破损、水溅或污染。地砖主要是用来装饰地面，以营造光洁亮丽的居室环境。

其次，墙面砖吸水率大概10%左右，比吸水率只有1%的地面砖要高出数倍。卫生间和厨房的地面应铺设吸水率低的地面砖，因为地面会经常用大量的清水洗刷，这样瓷砖才能不受影响、不吸纳污渍。墙砖是釉面陶制的，含水率比较高，它的背面一般比较粗糙，这也有利于黏合剂把墙面砖贴上墙。地砖不易在墙上贴牢固，墙砖用在地面会吸水太多而变得不易清洁，可见墙、地面砖不能混用。

最后，墙砖多为釉面砖，由三部分构成，坯体、底釉层、面釉层。地砖用黏土烧制而成，规格多种。

2. 施工要点

施工前要剔平墙面凸出的水泥、混凝土，对于混凝土墙面应凿毛，并用钢丝刷全面刷一遍，然后浇水润湿。根据玻璃锦砖的规格尺寸设点做标筋块，放线定位。

铺装玻璃锦砖前应根据计算机绘制的图纸放出施工大样，根据高度弹出若干条水平线及垂直线。将锦砖铺在木板上时，砖面要朝上，向砖缝内灌白水泥素浆，如果是彩色玻璃锦砖，可以灌彩色水泥。锦砖铺装30分钟后，可用长毛刷蘸清水润湿玻璃锦砖面网，待纸面完全湿透后，自上而下将纸揭下，操作时，手执上方面网两角，动作、角度要与墙面平行一致，保持协调，以免带动锦砖砖块（图4-63）。

琉璃制品

琉璃制品是以黏土为原料，经配料、干燥、素烧、施釉、釉烧而成。琉璃制品表面形成釉层，既能提高表面强度，又能提高其防水性能，同时也增加了装饰效果。在我国传统装饰中，所用的各种琉璃制品种类繁多，名称复杂，有数百种之多。琉璃瓦是其中用量最多的一种，常用的有几十种，约占琉璃制品总产量的70%左右，瓦件的品种更是五花八门，难以准确分类。

在现代装修中，琉璃制品主要用于具有中式古典风格的庭院装修，如庭院围墙、屋檐、花台等构件的外部铺装。除仿古建筑常用琉璃瓦、琉璃砖、琉璃兽等外，还常用于室内琉璃花窗、琉璃花格、琉璃栏杆等各种装饰制件。价格一般根据具体形态、规格来定，但是整体价格低廉。

第三节 玻璃制品

一、普通玻璃

玻璃是一种比较透明的固体物质，主要由石英砂、纯碱、长石及石灰石经高温制成，主要成分为二氧化硅。玻璃在高温熔融时形成连续网络结构，在冷却过程中，其黏度逐渐增大并硬化，广泛应用于需要隔风透光的环境空间。

1. 平板玻璃

（1）定义。平板玻璃又称为白片玻璃或净片玻璃，是最传统的透明固体玻璃，也是各种装饰玻璃的基础材料（图4-64）。

（2）特点。平板玻璃表面平整而光滑，具有高度透明性能，可以通过着色、表面处理及复合等工艺制成具有不同色彩与各种特殊性能的玻璃制品。平板玻璃具有良好的透视、透光性能，其可见光线反射率在7%左右，透光率在82%～90%之间（图4-65、图4-66）。

（3）规格和价格。平板玻璃的规格一般不低于1000mm×1200mm，厚度通常为2～20mm不等，其中厚度为5～6mm的产品最大可以达到3000mm×4000mm。目前，常用平板玻璃的厚度有0.5mm～25mm多种，应用方式均有不同，目前，5mm厚的平板玻璃应用最多，常用于各种家具、门窗玻璃，价格为35～40元/m²。

图4-64 | 图4-65 | 图4-66

图4-64 平板玻璃
平板玻璃按厚度可分为薄玻璃、厚玻以及特厚玻璃。

图4-65 平板玻璃柜门
平板玻璃作为柜门，价格实惠，且方便清洗，也不会阻碍视线，实用性强。

图4-66 平板玻璃门窗
平板玻璃门窗可以在有限的空间内给室内增加更多的光照度，也能扩展视野。

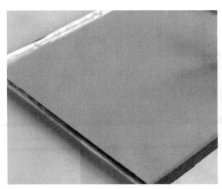

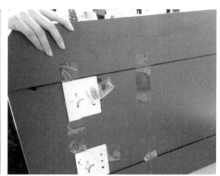

图4-67｜图4-68｜图4-69

图4-67 镜面玻璃应用

镜面玻璃可用于制作装饰镜，可以将其放置于面积较小的室内空间中，可以有效地增加空间感。

图4-68 镜面玻璃应用

镜面玻璃可以用于走廊底部的墙壁，这样也能有效地增加视线空间，在视觉上扩大空间使用感。

图4-69 银镜玻璃背面

银镜玻璃背面为镀银材质，经敏化、镀银、镀铜、涂保护漆等一系列工序制成，成像比较纯正。

2. 镜面玻璃

（1）定义。镜面玻璃又称为涂层玻璃或镀膜玻璃，它是以金、银、铜、铁、锡、钛、铬或锰等的有机或无机化合物为原料，采用喷射、溅射、真空沉积、气相沉积等方法，在玻璃表面形成氧化物涂层。

（2）特点。镜面玻璃的涂层色彩有多种，常用的有金色、银色、灰色、古铜色等，这种带涂层的玻璃，具有视线的单向穿透性，即视线只能从有镀层的一侧观向无镀层的一侧；镜面玻璃能扩大室内空间与视野，或反映周围景物的变化，使人有赏心悦目的感觉；镜面玻璃反射能力强，其对光线有较强的反射能力，是普通平板玻璃的4～5倍以上，可增加室内的明亮度，使光线柔和、舒适（图4-67、图4-68）。

（3）分类。在装修中运用的镜面玻璃分为铝镜玻璃与银镜玻璃，铝镜玻璃背面为镀铝材质，颜色偏白、偏灰，一般用于背景墙、吊顶、装饰构造的局部，价格较低；银镜玻璃反射率高、色泽还原度好，影像亮丽自然，即使在潮湿环境中也经久耐用，一般用于梳妆镜面，价格较高（图4-69）。

（4）规格和价格。镜面玻璃的规格与平板玻璃一致，厚度通常为4～6mm不等，其中5mm厚的银镜玻璃价格为40～45元/m²。

（5）选购。选购时应注意观察镜面玻璃是否平整，反射的影像不能发生变形。

★ **小贴士**

镜面玻璃与单向玻璃的区别

镜面钢化玻璃是在普通浮法玻璃加工成型后，再进行钢化处理后镀上氧化铝形成镜面，并在氧化铝面喷涂上保护底漆才是成品镜面玻璃，所以成型后的镜面钢化玻璃完全无法透光。

单向玻璃也叫做单向透视玻璃、单向可视玻璃。纳米单向透视玻璃，在一定灯光背景配合下，可达到里面看到外面，外面看不到里面，或者反过来。单向可视玻璃一般用于光线较暗隐蔽观察或需多重景象重叠无限延伸装饰效果处，可以达到外面看像镜子，而里面看是灰色透明玻璃。

二、安全玻璃

安全玻璃品种繁多，能有效保护装饰构造不受破坏，是一类经剧烈振动或撞击不破碎，即使破碎也不易伤人的玻璃，是目前玻璃市场消费的热点。

1. 钢化玻璃

（1）定义。钢化玻璃是安全玻璃的代表，它的生产工艺有两种，一种是将普通平板玻璃经淬火法或风冷淬火法加工处理而成，另一种是将普通平板玻璃通过离子交换方法，将玻璃表面成分改变，使玻璃表面形成压应力层，以增加抗压强度（图4-70、图4-71）。

（2）特点。钢化玻璃的主要优点在于强度比普通玻璃提高数倍，抗弯强度是普通玻璃的3~5倍，抗冲击强度是普通玻璃的5~10倍，提高强度的同时也提高了安全性，即使钢化玻璃遭到破坏后也呈无锐角的小碎片，大幅度降低了对人的伤害；钢化玻璃的耐急冷急热性质比普通玻璃高3倍以上，可承受180℃以上的温差变化，对防止热炸裂有明显的效果；钢化玻璃热稳定性好，表面光洁、透明，能耐酸、耐碱，在回炉钢化的同时还可以制成曲面玻璃、吸热玻璃等多种产品；钢化后的玻璃不能再进行切割、加工，只能在钢化前就将玻璃加工至需要的形状，再进行钢化处理；钢化玻璃的表面会存在凹凸不平现象，有轻微的厚度变薄，玻璃在钢化后比在钢化前要薄，一般情况下，4~6mm厚的平板玻璃经过钢化处理后会变薄0.2~0.5mm。

（3）规格和价格。钢化玻璃的规格与平板玻璃一致，厚度通常为6~15mm不等，其中厚度为6mm的钢化玻璃价格为60~70元/m^2，钢化玻璃的价格一般要比同规格的普通平板玻璃高20%~30%。

（4）选购。在选购钢化玻璃时要注意识别，钢化玻璃可以透过偏振光片在玻璃的边缘上看到彩色条纹，而在玻璃面层观察，可以看到黑白相间的斑点。钢化玻璃的偏振光片可以借用照相机镜头或眼镜来观察，观察时注意调整光源方向，这样更容易观察。此外，每块钢化玻璃上都有3C质量安全认证标志。

2. 夹层玻璃

（1）定义。夹层玻璃是在两片或多片平板玻璃或钢化玻璃之间，嵌夹以聚乙烯醇缩丁醛树脂胶片，再经过热压黏合而成的平面或弯曲的复合玻璃制品（图4-72~图4-75）。

图4-70 钢化玻璃

钢化玻璃是以普通平板玻璃为基材，通过加热到一定温度后再迅速冷却而得到的玻璃。

图4-71 钢化玻璃应用

钢化玻璃主要用于淋浴房、玻璃家具、无框玻璃门窗、装饰隔墙、吊顶、橱窗展示及玻璃幕墙等部位。

图4-72 3C质量安全认证标志

拥有3C质量安全认证标志的夹层玻璃是比较正规且安全性能较好的，选购时要注意查验。

图4-73 夹层玻璃

夹层玻璃可减弱太阳光的透射，降低制冷能耗，且在受到大撞击而破损后，其碎块与碎片仍与中间膜黏在一起，不会发生脱落造成伤害。

图4-70	图4-71
图4-72	图4-73

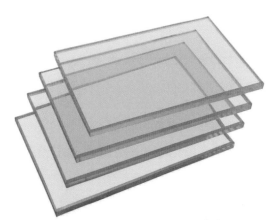

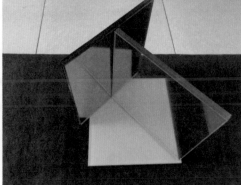

图4-74	图4-75	图4-76
图4-77	图4-78	图4-79

图4-74 夹层玻璃栏板

夹层玻璃具有良好的稳定性，作为栏板安全系数也较高，且能在一定程度上装饰空间。

图4-75 夹层玻璃雨篷

夹层玻璃具备良好的耐湿性，作为雨篷，不仅可以很好地遮挡雨滴，不被轻易损坏，使用年限也较长。

图4-76 夹丝玻璃

夹丝玻璃所用的金属丝网与金属丝线分为普通钢丝与特殊钢丝两种，普通钢丝规格不小于0.4mm，特殊钢丝规格不小于0.3mm。

图4-77 夹丝玻璃门窗

夹丝玻璃制作的门窗具有良好的安全性，如果发生火灾，夹丝玻璃受热炸裂后仍能保持固定状态，起到隔绝火势的作用。

图4-78 夹丝玻璃应用

夹丝玻璃常用于天窗、天棚顶盖及隔墙等，例如阳光房顶部、玻璃雨篷，以及易受震动的门窗上。

图4-79 吸热玻璃

吸热玻璃的生产是在普通钠钙硅酸盐玻璃中加入有色氧化物，如氧化铁、氧化镍、氧化钴及氧化硒等，或在玻璃表面喷涂有色氧化物薄膜，使玻璃带色。

（2）特点。防夹层玻璃的主要特性是安全性好，一般采用钢化玻璃加工，破碎时玻璃碎片不零落飞散，只产生辐射状裂纹，不至于伤人；抗冲击强度优于普通平板玻璃，防范性好，并有耐光、耐热、耐湿、耐寒、隔声等性能；将夹层玻璃安装在门窗上，能起到良好的隔音效果，夹层玻璃能阻隔声波，维持安静、舒适的起居环境，能过滤紫外线，保护皮肤健康，避免贵重家具、陈列品等褪色。

（3）规格和价格。防夹层玻璃的规格与平板玻璃一致，厚度通常为4～15mm不等，其中厚度为4mm＋4mm的夹层玻璃价格为80～90元/m^2。如果换用钢化玻璃制作，其价格一般要比同规格的普通平板玻璃高40%～50%。

3. 夹丝玻璃

（1）定义。夹丝玻璃又称为防碎玻璃，是将普通平板玻璃加热到红热软化状态时，再将经过预热处理的铁丝或铁丝网压入玻璃中间而制成的特殊玻璃，夹丝网玻璃应采用经过处理的点焊金属丝网（图4-76）。

（2）特点和应用。夹丝玻璃的防火性优越，玻璃遭受冲击或温度剧变时，破而不缺，裂而不散，可避免棱角的小块碎片飞出伤人；夹丝玻璃还具有防盗性，普通玻璃很容易打碎，而夹丝玻璃则不然，即使玻璃破碎，仍有金属线网在起作用，夹丝玻璃的防盗性能给人在心理上带来安全感；夹丝玻璃的缺点是在生产过程中，丝网受高温辐射容易氧化，玻璃表面有可能出现黄色锈斑或气泡；夹丝玻璃透视性不好，因其内部有丝网存在，对视觉效果有一定干扰（图4-77、图4-78）。

（3）规格和价格。夹丝玻璃厚度一般为6～16mm不等，不含中间丝的厚度，产品尺寸一般介于600mm×400mm与2000mm×1200mm之间，其中10mm厚的夹丝玻璃价格为120～150元/m^2。

4. 吸热玻璃

（1）定义。吸热玻璃是指保持较高的可见光透过率，且能吸收大量红外辐射的玻璃，具有较高的吸热性能（图4-79）。

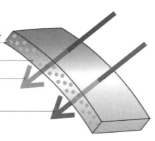

紫外线阻挡材料
绿色玻璃
紫外线阻挡50%
可见光

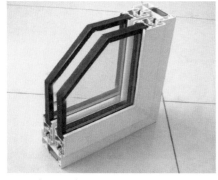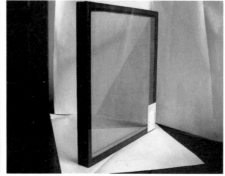

图4-80 | 图4-81 | 图4-82
图4-83 | 图4-84 | 图4-85

图4-80 吸热玻璃应用

吸热玻璃一般用于长期受阳光直射的门窗，尤其在我国南方日照强烈的地区特别适用。

图4-81 吸热玻璃构造示意图

由示意图可知，吸热玻璃拥有一层紫外线阻挡材料，当太阳直射时，该吸热玻璃可以吸收大量紫外线，以此使室内空气更凉爽。

图4-82 中空玻璃样本

中空玻璃可以涂上各种颜色或不同性能的薄膜，框内充以干燥剂，以保证玻璃原片间空气的干燥度。

图4-83 中空玻璃门窗展示

中空玻璃可用于住宅、饭店、宾馆、办公楼、学校、医院、商店等需要室内空调的场合。

图4-84 中空玻璃

中空玻璃结构设计合理，符合标准，也能更大程度地发挥出隔热、隔音、防火及防盗的功效。

图4-85 内置百叶中空玻璃窗

中空玻璃耐用性强，同时又具备高强度的优越性能，用中空玻璃制作的门窗，实用性也较强。

（2）特点。吸热玻璃能吸收太阳光辐射与可见光，如6mm厚的蓝色吸热玻璃能挡住50%左右的太阳辐射能，可见光透过率为80%，同样厚度的古铜色玻璃仅为25%；吸热玻璃能使刺目的阳光变得柔和，特别是在炎热的夏天，能有效改善室内光照，使人感到舒适凉爽；吸热玻璃还能吸收太阳光的紫外线，它能有效减轻紫外线对人体与室内物品的损害；吸热玻璃具有一定透明度，透过玻璃能清晰地观察室外景物，玻璃色泽经久不变（图4-80、图4-81）。

（3）规格和价格。吸热玻璃的规格与钢化玻璃相当，6mm厚的吸热玻璃价格为60~70元/m²。在选购时应注意，阳光经玻璃投射到室内，光线会发生变化，应根据需要来选择玻璃的颜色。

5. 中空玻璃

（1）定义。中空玻璃由两层或两层以上的平板玻璃原片构成，四周用高强度气密性复合胶黏剂将玻璃、边框、橡皮条黏接，中间充入干燥气体而成。玻璃原片可以采用普通平板玻璃、钢化玻璃、压花玻璃、夹丝玻璃、吸热玻璃、热反射玻璃等品种（图4-82、图4-83）。

（2）特点。中空玻璃的主要功能是隔热隔声，所以又称为绝缘玻璃，且防结霜性能好，结霜温度要比普通玻璃低20℃左右，传热系数低，普通玻璃的耗热量是中空玻璃的两倍，此外，优质中空玻璃寿命可达25年之久。

（3）规格和价格。中空玻璃一般价格较高，4mm+5mm（中空）+4mm厚的普通加工中空玻璃价格为100~120元/m²，同规格的铸造中空玻璃价格为300元/m²以上。

（4）选购。中空玻璃在装饰施工中需要预先订制生产，选购时要注意其光学性能、导热系数、隔声系数均应符合国家标准；注意区分中空玻璃与双层玻璃，可以在冬季观察玻璃之间是否有冰冻现象，在春夏观察是否有水汽存在，中空玻璃不存在任何冰冻或水汽；此外，嵌有铝条的均为双层玻璃，中空玻璃的外框一般均为塑钢而非铝合金（图4-84、图4-85）。

三、装饰玻璃

装饰玻璃是在普通平板玻璃的基础上进行深加工而成的玻璃产品，品种繁多，是现代装修的应用热点。

1. 磨砂玻璃

（1）定义。磨砂玻璃是在平板玻璃的基础上加工而成的，经过机械喷砂或手工碾磨，也可以使用氟酸溶蚀等方法，将玻璃表面处理成均匀毛面，表面朦胧、雅致，具有透光不透视的特点，能透射光线柔和且不刺眼。

（2）特点。磨砂玻璃由于其透光不透视的性能，多用于需要隐秘或不受干扰的空间，如厨房、卫生间、卧室、会议室等空间的门窗、灯箱、栏板等局部装饰构造（图4-86、图4-87）。

（3）规格和价格。磨砂玻璃的规格与平板玻璃相当，5mm厚的双面磨砂玻璃价格为40~50元/m²。

（4）选购时，要注意玻璃的表面磨砂效果要保持均匀，无透亮点。

2. 压花玻璃

（1）定义。压花玻璃又称为花纹玻璃或滚花玻璃，是采用压延法制造的一种平板玻璃，制造工艺分为单辊法与双辊法（图4-88、图4-89）。

（2）特点和应用。压花玻璃的基本性能与普通透明平板玻璃相同，在光学上具有透光不透视的特点，表面凹凸不平且具有不规则的折射光线，可将集中光线分散，使光线柔和，并具有隐私保护作用。

（3）规格和价格。压花玻璃的规格与平板玻璃相当，5mm厚的压花玻璃价格为40~100元/m²，具体价格根据花形不同而有区别。

（4）选购。选购压花玻璃时，注意观察玻璃上气泡应<10个/m²，不允许有夹杂物，表面上受压辊损伤造成的伤痕应<4条/m²。

图4-86	图4-87
图4-88	图4-89

图4-86 磨砂玻璃应用

磨砂玻璃隔音效果好，且能弱化视网膜成像，使室内光线变得更柔和，从而不至于太刺眼。

图4-87 磨砂玻璃栏板

磨砂玻璃安全系数高，属于安全玻璃的一种，可以很好地解决在使用中产生的安全问题，且价格较实惠。

图4-88 单辊法制作的压花玻璃

单辊法是将玻璃液浇注到压延成型台上，台面可以用铸铁或铸钢制成，台面或轧辊刻有花纹，轧辊在玻璃液面碾压，制成的压花玻璃再冷却成形。

图4-89 双辊法制作的压花玻璃

双辊法生产压花玻璃又分为半连续压延与连续压延两种工艺，玻璃液通过水冷的一对轧辊，随辊子转动向前拉引后冷却，从而制成单面有图案的压花玻璃。

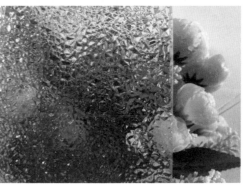

3. 雕花玻璃

（1）定义。雕花玻璃又称为雕刻玻璃，是在普通平板玻璃上，利用空气压缩机的强气流在玻璃上冲出各种深浅不同的痕迹、图案或花纹的玻璃（图4-90）。

（2）特点。雕花玻璃分为人工雕刻与电脑雕刻两种，其中人工雕刻是利用娴熟刀法的深浅与转折配合，能表现出玻璃的质感，使所绘图案予人呼之欲出的感受；电脑雕刻又分为机械雕刻与激光雕刻，其中激光雕刻的花纹细腻，层次丰富。

（3）规格和价格。雕花玻璃的规格与平板玻璃相当，但是厚度较大，8mm厚的雕花玻璃价格为200～500元/m²，电脑雕刻产品价格更高，可达到1000元/m²以上，具体价格根据花形不同而有区别。选购雕花玻璃时，要注意花纹中是否存在裂纹或缝隙，这些瑕疵都会影响玻璃的强度。

4. 彩釉玻璃

（1）定义。彩釉玻璃又称为烤漆玻璃，是在平板玻璃或压花玻璃表面涂敷一层易熔性色釉，加热到釉料熔化的温度，使釉层与玻璃表面牢固地结合在一起，经烘干、钢化处理而制成的玻璃装饰材料（图4-91、图4-92）。

（2）特点。彩釉玻璃釉面永不脱落，色泽及光彩保持常新，背面涂层能抗腐蚀、抗真菌、抗霉变、抗紫外线，能耐酸、耐碱、耐热、防水、不老化，更能不受温度与天气变化的影响。

（3）规格和价格。目前，市面上又出现了烤漆玻璃，工艺原理与彩釉相同，但是漆面较薄，容易脱落，价格相对较低。彩釉玻璃的规格与平板玻璃相当，5mm厚的彩釉玻璃价格为100～120元/m²。彩釉玻璃以压花形态的居多，具体价格根据花形、色彩、品种不等，但整体价格较高，适合小范围使用。

5. 变色玻璃

（1）定义。变色玻璃又称为七彩玻璃，是在适当波长光的辐照下改变其颜色，而移去光源时则恢复其原来颜色的玻璃（图4-93、图4-94）。

图4-90 雕花玻璃

雕花玻璃适用于需要阻断视线的装饰构造中，或用于墙、顶面装饰造型。

图4-91 彩釉玻璃样本

彩釉玻璃颜色鲜艳，个性化选择余地大，超过上百余种可供挑选。

图4-92 彩釉玻璃

彩釉玻璃可制成透明彩釉、聚晶彩釉、不透明彩釉等品种，能用于制作背景墙。

图4-93 变色玻璃

变色玻璃又称光致变色玻璃或光色玻璃，是在玻璃原料中加入光色材料之后制成的一种新型玻璃。

图4-94 变色玻璃应用

用变色玻璃制作门窗玻璃，可使烈日下透过的光线变得柔且有阴凉感，在装修能中起到环保节能的作用。

图4-90	图4-91	图4-92
	图4-93	图4-94

（2）特点。变色玻璃的着色、褪色是可逆的，并且经久不疲劳、不劣化，如果改变玻璃的组成成分、添加剂及热处理条件，可以改变变色玻璃的颜色、变色、褪色速度及平衡度等性能。

（3）规格和价格。变色玻璃的规格与平板玻璃相当，5mm厚的变色玻璃价格为100~120元/m²。

6. 镭射玻璃

（1）定义。镭射玻璃是在玻璃或透明有机涤纶薄膜上涂敷一层感光涂料，利用激光在玻璃上刻出任意的几何光栅或全息光栅，镀上铝或银，再涂上保护漆而制成（图4-95、图4-96）。

（2）特点。镭射玻璃五光十色的变幻给人以神奇、华贵、迷人的感受，当镭射玻璃处于任何光源照射下时，都产生色彩变化，而且对于同一受光点或受光面而言，随着入射光角度及观察视角的不同，所产生光的色彩与图案也不同；镭射玻璃的技术性能十分优良，钢化镭射玻璃的抗冲击、耐磨、硬度等性能均优于大理石，与花岗石相近；镭射玻璃的耐老化寿命是塑料的10倍以上，在正常使用情况下，寿命达50年；镭射玻璃的反射率在10%~90%的范围内任意调整。

（3）规格和价格。镭射玻璃的规格与平板玻璃相当，5mm厚的镭射玻璃价格为200~300元/m²。

（4）用途。镭射玻璃目前多用于酒吧、酒店、商场、电影院等商业性和娱乐性场所，在家庭装修中也可以把它用于吧台、视听室等空间。如果追求很现代的效果也可以将其用于客厅、卧室等空间的墙面、柱面。

四、玻璃砖

玻璃砖是用透明或彩色玻璃制成的块状、空心玻璃制品或块状表面施釉的玻璃制品，主要有以下3类。

1. 空心玻璃砖

（1）定义。空心玻璃砖一直以来是玻璃砖的总称，主要原料是高级玻璃砂、纯碱、石英粉等硅酸盐无机矿物，原料经过高温熔化，并经精加工而成。在生产过程中，将两块凹形半块玻璃砖坯相互对接，在温度与挤压的作用下使接触面软化，从而将其牢固黏结在一起，形成整体空心玻璃砖（图4-97）。

（2）分类和特点。空心玻璃砖主要有透明玻璃砖、雾面玻璃砖、纹路玻璃砖几种产品，玻璃砖的种类不同，光线的折射程度也会有所不同。空心玻璃砖具有隔声、隔热、防水、节能、透光良好等特点，属于非承重装饰材料，装饰效果高贵典雅、富丽堂皇。

图4-95 ｜ 图4-96 ｜ 图4-97

图4-95 镭射玻璃应用

以普通平板玻璃为基材制成的镭射玻璃，主要用于墙面和顶棚等部位的装饰；而以钢化玻璃为基材制成的，主要用于地面装饰。

图4-96 镭射玻璃

使用镭射玻璃是为了它在光的作用下产生的效果，在购买前一定要检验其在光照下的效果。

图4-97 空心玻璃砖

空心玻璃砖在生产中可以根据设计要求来定制尺寸、大小、花样、颜色。

（3）应用。空心玻璃砖不仅可以用于砌筑透光性较强的墙壁、隔断、淋浴间等，还可以应用于外墙或室内间隔，为使用空间提供良好的采光效果，并有延续空间的感觉（图4-98～图4-101）。

（4）规格和价格。玻璃砖的边长规格一般为195mm，厚度为80mm，价格为15～25元/块。

2. 实心玻璃砖

（1）定义。实心玻璃砖的构造与空心玻璃砖相似，由两块中间为圆形的凹陷玻璃体黏接而成。由于是实心构造，这种砖质量比较重，一般只能粘贴在墙面上或依附其他加强的框架结构才能安装，一般只作为室内装饰墙体而使用，用量相对较小（图4-102、图4-103）。

（2）特点。实心玻璃砖也可以砌筑，但是砖体周边没有凹槽，不能穿插钢筋，砌筑高度一般不大于1000mm，砌筑过高容易造成墙体变形、坍塌。在设计时，实心玻璃砖周边一般会布置灯光，在夜间或采光较弱的空间中起到点缀装饰。

（3）规格和价格。玻璃砖的边长规格一般为150mm，厚度为60mm，价格为20～30元/块。

3. 玻璃饰面砖

（1）定义。玻璃饰面砖又称为三明治玻璃砖，其设计元素来源于三明治，它是采用两块透明的抗压玻璃板，在其中间的夹层随意搭配其他材料，最终经热熔而成（图4-104）。

图4-98	图4-99
图4-100	图4-101
图4-102	图4-103

图4-98 空心玻璃砖隔墙

空心玻璃砖制作的隔墙具有很好的装饰效果，同时还可以依照尺寸的变化设计出直线墙、曲线墙及不连续墙等。

图4-99 空心玻璃砖隔断

空心玻璃砖强度高、耐久性好，能经受住风的袭击，不需要额外的维护结构就能保障安全性，因而空心玻璃砖隔断可以很好地减少安全事故的发生。

图4-100 空心玻璃砖卫生间隔墙

空心玻璃砖运用于卫生间时可以增加室内装饰效果，无论是单块镶嵌使用，还是整片墙面使用，都有画龙点睛之效。

图4-101 空心玻璃砖卫生间隔断

采用空心玻璃砖砌筑隔墙和隔断，既有区分作用，又能将光引领入室内，运用于卫生间时也能很好地起到保护隐私的作用。

图4-102 实心玻璃砖

实心玻璃砖的颜色比较多，但是大多没有内部花纹，只是表面有磨砂效果。

图4-103 有纹路的实心玻璃砖

带有纹路的实心玻璃砖装饰效果更佳，价格也更加贵，质地更细腻。

图4-104 玻璃饰面砖样式

玻璃饰面砖其中夹入的材料品种多样，如金属、贝壳、树皮等各种具有装饰效果的物品，装饰效果独特，晶莹透亮。

图4-105 平摸表面

取玻璃饰面砖样品，轻抚砖体表面，感受掌心下的手感，表面光滑、细腻的为优质的玻璃饰面砖。

图4-106 测量尺寸

在光线充足的情况下，取玻璃饰面砖样品，使用卷尺测量其长、宽、高以及凹陷尺寸和外凸尺寸，并与标准尺寸对比。

图4-104
图4-105 | 图4-106

（2）规格和价格。玻璃饰面砖离不开墙体或框架结构的依托，因此用量不大，一般都与常规墙、地砖配套使用，镶嵌在墙、地砖的铺装间隙。玻璃饰面砖的边长规格一般为150～200mm不等，厚度为30～50mm不等，具体规格根据厂商设计开发来定，价格为50～80元/块。

（3）玻璃砖选购。

1）玻璃砖制品的价格较高，在选购中要注意识别，玻璃砖的外观识别是重点。

2）平摸玻璃砖表面应当精致、细腻，不能存在裂纹，玻璃坯体中不能有不透明的未熔物，两块玻璃体之间的熔接应当完全密封，不能出现任何缝隙。

3）目测砖体表面，不能有涟漪、气泡、条纹。玻璃砖表面内心面里凹陷应小于1mm，外凸应小于2mm，外观无翘曲及缺口、毛刺等缺陷，角度应平直（图4-105）。

4）可以采用卷尺测量玻璃砖的各边长度，看是否符合产品标称尺寸，误差应小于1mm（图4-106）。

★ **小贴士**

玻璃砖防水功能比较好，利于房子的采光，一般都用来装修比较高档的场所，现在也有越来越多的业主在进行家居装修时选用玻璃砖。

玻璃砖砌筑质量的关键在于中央的钢筋骨架，在大多数家装施工中，玻璃砖墙体的砌筑面积小于2m²，这也可以不用镶嵌钢筋骨架，但是高度超过1.5m的砌筑构造还是应当采用钢筋作支撑骨架。

玻璃砖在隔墙上的运用最多见，玻璃隔断通透性强，安装又方便，而且隔声等效果都非常不错，无论是在家居装修还是公共装修上，都是非常不错的材料，在公司会议室、图书馆阅读室、咖啡厅等地方，都可以见到玻璃砖隔断的影子，它弥补了整体钢化玻璃隔断容易自爆的危险，另外还在通透性的基础上，又增加了一分隔阂感效果，以满足装饰亮点。

五、玻璃制品一览表（表4-2）

表4-2

玻璃制品一览表

名称		图例	性能特点	用途	参考价格
普通玻璃	平板玻璃		表面平整光滑，透明度高，透视、透光性能好	装饰画框，窗户、门等小面积透光造型，室内屏风、隔断	5mm厚，35～40元/m²
	镜面玻璃		色彩丰富，可扩大室内空间和视野，反射能力强，可有效增加室内明亮度	室内隔墙、装饰镜等制作	5mm厚，40～45元/m²
安全玻璃	钢化玻璃		强度高，抗弯强度高，抗冲击强度高，安全性能优越，热稳定性好	淋浴房、玻璃家具、无框玻璃门窗、装饰隔墙及吊顶等制作	6mm厚，60～70元/m²
	夹层玻璃		安全性能高，抗冲击能力强，耐光、耐热、耐湿、耐寒、隔声	栏板、门窗等制作	4mm+4mm厚，80～90元/m²
	夹丝玻璃		防火性能优越，同时具有防盗性，但透视性不佳，且受高温辐射易氧化	门窗、天窗、天棚顶部等	10mm厚，120～150元/m²
	吸热玻璃		吸热性能好，能有效改善室内光照，能吸收紫外线，具有一定透明度	用于长期受太阳直射的门窗制作	6mm厚，60～70元/m²
	中空玻璃	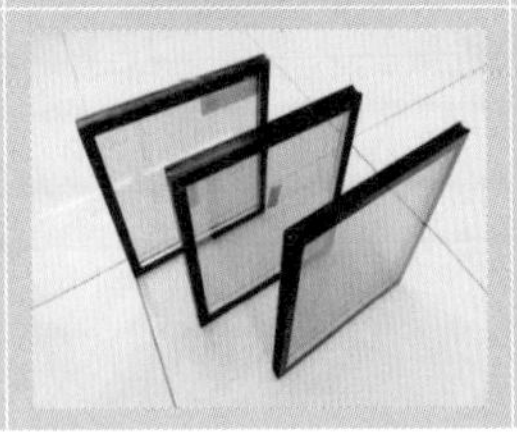	隔热、隔声，防结霜性能好，传热系数低，使用寿命长	应用于住宅、饭店、办公楼、学校等需要室内空调的场合	4mm+5mm（中空）+4mm，100～120元/m²，同规格铸造中空玻璃，300元/m²

名称		图例	性能特点	用途	参考价格
装饰玻璃	磨砂玻璃		表面朦胧、雅致，透光不透形，隔声效果好，安全程度高	厨房、卫生间、卧室等空间的门窗、灯箱等局部装饰构造	5mm厚，40~50元/m²
	压花玻璃		透光不透视，可使光线柔和，保护隐私，有一定装饰作用	用于室内空间需要阻断视线的部位，或用于墙顶面装饰造型	5mm厚，40~100元/m²
	雕花玻璃		表面花纹丰富，能够有效保护隐私	用于室内空间需要阻断视线的部位，或用于墙顶面装饰造型	8mm厚，200~500元/m² 电脑雕刻，高于1000元/m²
	彩釉玻璃		釉面永不脱落，抗紫外线，耐酸、耐热、防水、不老化	适用于小范围使用，如装饰背景墙	5mm厚，100~120元/m²
	变色玻璃		着色、褪色可逆，经久不疲劳，可减弱阳光照射的灼热感，节能、环保	室内门窗制作	5mm厚，100~120元/m²
	镭射玻璃		色彩变幻莫测，抗冲击性、耐磨性及硬度等都十分优越，使用寿命长	用于地面、墙面及柱面装饰	5mm厚，200~300元/m²
玻璃砖	空心玻璃砖		隔声、隔热、防水、节能，透光良好，装饰效果好	砌筑墙壁、隔断、淋浴间	长195mm，厚80mm，15~25元/块
	实心玻璃砖		质量重，具备一定的装饰效果	砌筑室内装饰墙体	长150mm，厚60mm，20~30元/块
	玻璃饰面砖		纹样丰富，表面晶莹剔透，装饰效果好	与常规墙、地砖配套使用，镶嵌在墙、地砖铺装间隙	长150~200mm，厚30~50mm，50~80元/块

第四节　玻璃制品安装施工

玻璃制品的施工一般多以镶嵌为主，与塑料板材的镶嵌施工构造基本一致，下面介绍玻璃隔墙施工构造与玻璃砖砌筑施工构造。

一、玻璃隔墙施工

1. 施工方法

首先，应清理墙、地、顶面基层，铲除水泥结块，平整墙角，放线定位。然后，采用木龙骨或轻钢龙骨制作框架，以框架为基础，采用木芯板、胶合板制作基层构造，同时定制加工钢化玻璃。接着，检查基架的尺寸、位置、形状，将钢化玻璃镶嵌至基础构造中。最后，调整位置，安装玻璃压条（图4-107）。

2. 施工要点

墙位放线应清晰、准确，隔墙基层应平整牢固，框架的安装应符合设计和产品组合的要求。玻璃可以嵌入墙体，并保证地面和顶部的槽口深度，当玻璃厚度为5～6mm时，深度为8mm，当玻璃厚度为8～12mm时，深度为10mm，当玻璃厚为5～6mm时，玻璃与槽口的前后空隙为2.5mm，当玻璃厚8～12mm时，空隙为3mm。

在安装玻璃时，如果其中一面为封闭状态，要注意在安装前清洁好表面，待其干透后证实没有污痕后方可安装，安装时应戴上干净的手套。固定玻璃的部位一般要使用硅酮玻璃胶固定，在门窗构造上安装玻璃时，还需要与橡胶密封条等配合使用。

在施工完毕后，要注意加贴防撞警告标志，一般可以粘贴不干贴、彩色电工胶布来提示。

二、玻璃砖砌筑施工

1. 施工方法

首先，在砌筑周边安装预埋件，并根据实际情况采用型钢加固或砖墙砌筑；然后，选出用于砌筑的玻璃砖，备好网架钢筋、支架垫块、水泥或专用玻璃胶待用；接着，在砌筑范围内放线定位，从下向上逐层砌筑玻璃砖，如果是户外施工要边砌筑边设置钢筋网架，使用水泥砂浆或专用填缝剂填补砖块之间的缝隙；最后，采用玻璃砖专用填缝剂填补缝隙，使用干净抹布将玻璃砖表面的水泥或玻璃胶擦拭干净，养护待干，必要时对缝隙进行防水处理（图4-108～图4-114）。

图4-107 玻璃隔墙构造

通过玻璃隔墙构造详图，可以了解到在安装玻璃前应对骨架、边框的牢固程度进行检查，如不牢固应进行加固，玻璃边缘与槽底空隙应不小于5mm。

图4-108 打开包装检查玻璃砖

图4-107 | 图4-108

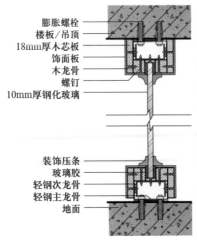

膨胀螺栓
楼板/吊顶
18mm厚木芯板
饰面板
木龙骨
螺钉
10mm厚钢化玻璃

装饰压条
玻璃胶
轻钢次龙骨
轻钢主龙骨
地面

图4-109 户外玻璃砖需用钢筋作骨架

图4-110 接缝处用塑料支架固定

图4-111 室内玻璃砖预装再铺填水泥砂浆

图4-112 玻璃砖砌筑

图4-113 玻璃砖与墙体间缝隙用水泥砂浆填补

图4-114 独立的玻璃砖最好用砖块砌筑边框

2. 施工要点

玻璃砖墙宜以1.5m高为一个施工段，待下部施工段胶接材料达到承载要求后再进行上部施工。当玻璃砖墙面积过大或过小时，应在周边增加砖墙支撑，室外玻璃砖墙的钢筋骨架应与原有建筑结构牢固连接，墙基高度一般应不大于150mm，宽度应比玻璃砖厚20mm。

玻璃砖隔墙的顶部和两端应该使用金属型材加固，槽口宽度要比砖厚10~18mm，当隔墙的长度或高度不小于1500mm时，砖间应该增设6~8mm钢筋，用于加强结构，玻璃砖墙的高度应不大于4000m。

玻璃砖隔墙两端与金属型材两翼应留有不小于4mm的滑动缝，缝内用弹性泡沫密封胶填充，玻璃砖隔墙与金属型材腹面应留有大于10mm的胀缝，以适应热胀冷缩。

玻璃砖最上层砖应伸入顶部金属型材槽口内10~25mm，以免玻璃砖因受刚性挤压而破碎。玻璃砖之间接缝宜在10~30mm之间。玻璃砖与外框型材，以及型材与建筑物的结合部，都应用弹性泡沫密封胶密封，玻璃砖应排列整齐、表面平整，用于嵌缝的密封胶应饱满密实。

本章小结：

在过去的装饰材料市场中，面砖所占的比例很大，面砖在施工工艺过程中的应用相对于其他材料来说也较为广泛。陶瓷饰面砖在装饰中起到了美观的作用，当前我国的大多数建筑物在装饰方面都采取陶瓷饰面砖，因此陶瓷饰面砖在装饰中的应用得到了人们的重视。同样，玻璃因能挡风、避寒、透光、坚固等优点，也已被人们所钟爱，特别是近年来，随着科学技术的发展，深加工的玻璃品种也越来越多。

第五章

壁纸织物

识读难度：★★★☆☆

核心概念：壁纸、地毯、窗帘、壁纸铺贴、地毯铺装、窗帘安装

章节导读：壁纸织物几乎是生活中的必需品，同时也是装修后期的重要材料，除去各种油漆涂料外，壁纸织物最能体现出装修的质感和档次，也能展现出使用者的品位。因此壁纸和织物也成为现代装饰材料的重点。壁纸织物的生产原料多样，质地丰富，价格差距很大，选购时，不仅要根据审美喜好选择花纹色彩，还要注意识别质量，注重施工工艺，选择最为合适的。

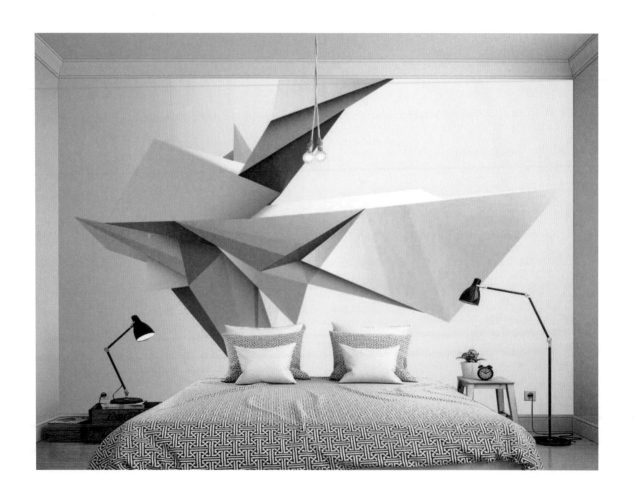

第一节　壁纸

壁纸发源于欧洲，现今在北欧、日本、韩国等国家非常普及，它属于绿色环保材料，不会散发有害人体健康的物质。

一、壁纸的特性

1. 定义

壁纸也被称为墙纸、壁布，是裱糊室内墙面的装饰性纸张或布，现代壁纸的主要原料是树皮、化工合成的纸浆，经漂白后制作成原纸，再经不同工序深加工，如涂布、印刷、压纹或表面覆塑，最后经裁切、包装成品（图5-1、图5-2）。

2. 特质

壁纸维护保养方便，中高档壁纸具有防静电、不吸尘等优点，局部污染可用清水加少量洗涤剂清洗，易于清洁，并有较好的更新性能。

壁纸具有一定的吸声、隔热、防霉、防菌功能，有较好的抗老化、防虫功能，且壁纸的铺装时间短，可以大大缩短工期，还具有防裂功能，铺装后能有效防止石膏板接缝、墙角缝开裂。

壁纸的日常使用与保养也非常方便，可洗可擦，但壁纸的造价还是比乳胶漆要贵，施工水平与质量不容易控制，档次较低的产品环保性差，仍对装修环境存在污染。

印刷工艺不高的壁纸时间长了会有褪色现象，尤其常受日光照射的部位特别明显，颜色较深的壁纸容易显露出接缝。

3. 价格

常用的塑料壁纸价格为30~150元/卷，每卷可铺装5m²左右，中高端产品中的价格还包含辅助材料与安装费用。

4. 壁纸种类

壁纸种类特别丰富，以纸张为基材可以作出很多变化，这也是其他装饰材料所不能比拟的。

（1）塑料壁纸。塑料壁纸是目前生产最多、销售最大的壁纸，它是以优质木浆纸为基层，以聚氯乙烯（PVC）塑料为面层，经过印刷、压花、发泡等工序加工而成。塑料壁纸具有一定的伸缩性、韧性、耐磨性、耐酸碱性，抗拉强度高，基层一般为80~150g/m²的纸张。

图5-1 壁纸应用

壁纸应用范围较广，铺装基层材料可以为水泥、木材及乳胶漆等各种材质，便于与装修风格保持一致。

图5-2 壁纸展示

壁纸品种齐全，花色繁多，不仅具有很强的装饰效果，同时也能使环境空间更加温馨、和谐。

图5-1 ｜ 图5-2

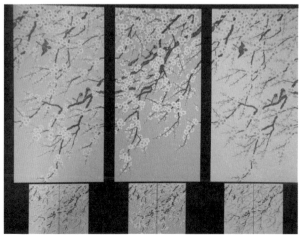

塑料壁纸的种类主要分为普通壁纸、发泡壁纸、特种壁纸3种。普通壁纸是以80～100g/m²的纸张作基材，涂有100g/m²左右的PVC塑料，经印花、压花而成；发泡壁纸是以100～150g/m²的纸张作基材，涂有300～400g/m²掺有发泡剂的PVC糊状树脂，经印花后再加热发泡而成（图5-3、图5-4）。

（2）纺织壁纸。纺织壁纸是壁纸中的高级产品，主要是用丝、羊毛、棉、麻等纤维织成，质地柔和、透气性好。纺织壁纸与其他壁纸之间的区别，主要是靠目测背衬材料的质地与厚度来识别，另外，还应注意有无出现抽丝、跳丝现象。

纺织壁纸分为锦缎壁纸、棉纺壁纸、化纤壁纸3种，锦缎壁纸又称为锦缎墙布，缎面织有古雅精致的花纹；棉纺壁纸是将纯棉平布处理后，经印花、涂层制作而成，具有强度高、静电小、蠕变性小、无光、无味、吸声、花型繁多、色泽美观等特点；化纤壁纸是以涤纶、腈纶、丙纶等化纤布为基材，经印花而成（图5-5～图5-7）。

（3）天然壁纸。天然壁纸是一种用草、麻、木材、树叶等自然植物制成的壁纸，也有用珍贵树种、木材切成薄片制成，能将墙体与施工过程中的水分自然排到外部干燥，且不会留下任何痕迹，因此不容易卷边（图5-8、图5-9）。

图5-3	图5-4	
图5-5	图5-6	图5-7
图5-8	图5-9	

图5-3 普通塑料壁纸

普通塑料壁纸适用面广，价格低廉，各方面性能也不错，是目前最常用的壁纸产品之一。

图5-4 塑料发泡壁纸

塑料发泡壁纸是一种具有装饰与吸声功能的壁纸，图案逼真，立体感强，装饰效果好。

图5-5 锦缎壁纸

锦缎壁纸色泽绚丽多彩，质地柔软，铺装的技术性与工艺性要求都很高，且价格较高。

图5-6 棉纺壁纸

棉纺壁纸适用于抹灰墙面、混凝土墙面、石膏板墙面及木板墙面等多种基层铺装。

图5-7 化纤壁纸

化纤壁纸无味、透气、防潮、耐磨、耐晒、强度高、不褪色、质感柔和，适于各种基层铺装。

图5-8 天然壁纸

天然壁纸风格古朴自然，素雅大方，生活气息浓厚，给人以返朴归真的感受，且透气性能较好，不会因为天气潮湿而发霉。

图5-9 天然壁纸染料

天然壁纸所使用的染料一般是从鲜花与亚麻中提取，不容易褪色，色泽自然典雅，无反光感，具有较好的装饰效果。

图5-10 静电植绒壁纸

静电植绒壁纸有丝绒的质感与手感，不反光，具有一定吸声效果，无气味。

图5-11 静电植绒壁纸铺贴

由于静电植绒壁纸不耐湿，不耐脏，不便擦洗，在安装时需注意保洁。

图5-12 金属膜壁纸样本

金属膜壁纸具有不锈钢、黄金、白银、黄铜等金属的质感与光泽，装饰效果华贵，耐老化、耐擦洗、无毒、无味、不易褪色。

图5-13 金属膜壁纸铺贴

金属膜壁纸铺贴时要注意铺装金属膜壁纸的部位应避免强光照射，否则会出现刺眼反光。

图5-14 荧光壁纸

市场上的荧光壁纸多采用无机质酸性化合物为颜料制作而成，在明亮中积蓄光能，暗淡后又重新释放光能，熄灯后20分钟内能呈现出各种色彩和图案。

图5-15 荧光壁纸应用

荧光壁纸的发光图案各不相同，有模仿星空的，也有卡通动画的，可以运用在室内空间或公共娱乐空间的墙壁上。

图5-10	图5-11
图5-12	图5-13
图5-14	图5-15

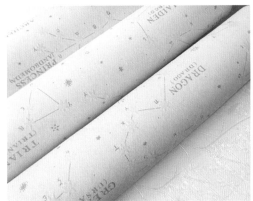

（4）静电植绒壁纸。静电植绒壁纸是指采用静电植绒法将合成纤维短绒植于纸基上的新型壁纸，常用于点缀性极强的局部装饰。静电植绒壁纸不褪色，具有植绒布的美感，同时具有消音、杀菌、耐磨等特性，完全环保，不掉色，密度均匀，手感好，花型，色彩丰富（图5-10、图5-11）。

（5）金属膜壁纸。金属膜壁纸是在纸基上涂布一层电化铝箔薄膜（仿金、银），如铝铜合金等，再经压花制成的壁纸，其表面繁富典雅、高贵华丽，通常用于面积较大的中西餐、酒店大堂等空间，一般只作局部点缀，尤其适用于墙面、柱面的墙裙以上部位铺装，所构成的线条颇为粗犷奔放，整片用于墙面可能会造成平庸的效果，但是适当点缀能显露出装饰空间的炫目与前卫（图5-12、图5-13）。

（6）荧光壁纸。由荧光壁纸是在纸面上镶有发光物质，能在夜间或弱光环境下发光，壁纸的发光原理有两种，一种是采用可蓄光的天然矿物质，在有光照的情况下，吸收光能并将其储存起来，当光线很暗时，它又将储存的部分光能自然释放出来，从而产生荧光效果；另一种是采用无纺布作为原料，经紫光灯照射后，产生发光的效果，由于必须借助紫光灯，所以安装成本比较高（图5-14、图5-15）。

图5-16 液体壁纸展示

液体壁纸主要取材于天然贝壳类生物的壳体表层，黏合剂也选用无毒、无害的有机胶体，是真正的天然、环保产品。

图5-17 液体壁纸应用

液体壁纸克服了乳胶漆色彩单一、无层次感及壁纸易变色、翘边、起泡、有接缝、寿命短等缺点，而且具备乳胶漆易施工、图案精美等特点，广泛应用于室内空间的墙面上。

图5-18 竖条纹壁纸

竖条纹壁纸能将视线向上引导，会使人对空间的高度产生错觉，非常适合用在较矮的空间内。

图5-19 图案壁纸

图案壁纸可以搭配欧式古典家具，从而加深室内空间的氛围感，同时也能提升空间品味。

图5-16	图5-17
图5-18	图5-19

（7）液体壁纸。液体壁纸是一种新型的艺术装饰涂料，为液态桶装，通过专有模具，可以在墙面上做出风格各异的图案。液体壁纸在施工时不使用建筑胶水、聚乙烯醇等配料，不含铅、汞等重金属及醛类物质，因此，液体壁纸具有无毒、无污染的优良性能。由于是水性材料，液体壁纸的抗污性很强，同时具有良好的防潮、抗菌性能，不易发霉、老化（图5-16、图5-17）。

二、壁纸的应用

1. 壁纸用量

壁纸价格较高，尤其是购买大型花纹、图案壁纸进行装修，须认真计算壁纸的用量。多数壁纸产品都是按卷进行销售，常规壁纸每卷宽度为520mm与750mm两种，此外还有特殊壁纸需另外计算，每卷壁纸的长度一般为10m或20m。

壁纸用量计算方法为：（空间周长×空间高度－门窗、家具面积）÷每卷铺装的平方米数×损耗率，一般标准壁纸每卷可铺装5.2m²，损耗率一般为3%～10%。损耗率的高低与壁纸的花纹大小、壁纸宽度有关，碎花浅色壁纸损耗率较低，为3%，大型图案壁纸耗率较高，为10%。

2. 图案选择

壁纸图案特别丰富，经销商能提供各种壁纸样本供挑选，往往令人眼花缭乱，在选择壁纸图案时要根据实际功能来选择（图5-18、图5-19）。

常见的壁纸图案一般包括竖条纹、图案、碎花纹3种类型。

（1）竖条纹壁纸。能增加环境空间的高度，图案具有恒久与古典特性，是最常见的选择，而如果空间已经显得高大，可以选用宽度较大的条纹图案，因为它能将视线向左右延伸。

（2）图案壁纸。图案壁纸能降低空间的拘束感，鲜艳炫目的图案与花纹最抢眼，有些图案十分逼真、色彩浓烈，适合格局较为平淡无奇的空间。

（3）碎花纹壁纸。碎花纹壁纸可以塑造既不夸张又不平淡的空间氛围，是最常见的选择，选择这种壁纸能获得最安全的视觉效果。

3. 色彩选择

背光空间不宜用偏蓝、偏紫等冷色，而应用偏黄、偏红或偏棕色的暖色壁纸，以免在冬季感觉过于偏冷。

朝阳空间可选用偏冷的灰色调壁纸，但不宜用天蓝、湖蓝等冷色壁纸。开阔的空间宜选用清新淡雅的壁纸，餐厅、娱乐空间应采用橙黄色的壁纸，狭窄的空间则可以依据设计风格、个人喜好随意发挥。

红色壁纸可以配白色、浅蓝色、米色墙面，粉红色壁纸可以配紫红色、白色、米色、浅褐色、浅蓝色墙面。橘红色壁纸可以配白色、浅蓝色墙面，米黄色壁纸可以配浅蓝色、白色、浅褐色墙面，褐色壁纸可以配米黄色、鹅黄色墙面，绿色壁纸可以配白色、米色、深紫色、浅褐色墙。蓝色壁纸可以配白色、粉蓝色、橄榄绿、黄色墙面，紫色壁纸可以配浅粉色、浅蓝色、黄绿色、白色、紫红色墙面（图5-20、图5-21）。

4. 壁纸选购

壁纸产品门类特别丰富，在选购时要注意识别产品质量，下面就以常见的塑料壁纸为例，介绍通用的识别方法。

（1）识别塑料壁纸的质量关键在于拿捏厚度，底层壁纸经过多次褶皱后应不产生痕迹，壁纸的薄厚应当一致（图5-22）。

（2）仔细闻一下壁纸的气味，如果有异味，则说明甲醛、氯乙烯等挥发性物质含量较高，还可做燃烧试验，经过燃烧后的优质壁纸应变成浅灰色粉末，而伪劣产品在燃烧时会产生刺鼻黑烟（图5-23）。

（3）塑料壁纸表面覆有一层PVC膜，如果条件允许，可以从侧面用指甲剥揭壁纸，优质产品的表层与纸张应不分离（图5-24）。

图5-20 壁纸颜色搭配
壁纸的具体颜色还要根据空间环境、家具陈设的风格进行优化搭配。

图5-21 壁纸选择
同一空间内不会将所有墙壁都铺装壁纸，壁纸与墙壁颜色应当搭配适宜。

图5-22 拿捏厚度
取壁纸样品，拿捏壁纸厚度，厚度一般为3张普通复印纸的厚度，同时注意观察塑料壁纸表面是否存在色差、皱褶、气泡，壁纸的花案是否清晰，色彩是否均匀。

图5-23 燃烧测试
可以用打火机点燃壁纸一角，所散发的烟雾如果很刺鼻，则说明质量较差，无明显异味，则为优质品，且离开火焰后，优质壁纸上的火焰应自动熄灭。

图5-24 湿水擦拭
可以用湿抹布或湿纸巾在壁纸表面反复擦拭，优质产品应不浸水、不褪色。

图5-20	图5-21
图5-22	图5-23	图5-24

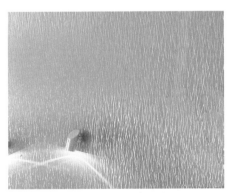

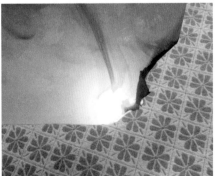

第二节　壁纸铺贴施工

高壁纸铺装是一种较高档次的墙面装饰施工，工艺复杂，成本较高，施工质量直接影响壁纸的装饰效果，应该严谨对待。

一、施工方法

首先，清理铺装基层表面，对墙面、顶面不平整的部位填补石膏粉腻子，并用240号砂纸对界面打磨平整。然后，对铺装基层表面作第一遍满刮腻子，修补细微凹陷部位，待干后采用360号砂纸打磨平整，满刮第二遍腻子，仍采用360号砂纸打磨平整，对壁纸铺装界面涂刷封固底漆，复补腻子磨平。接着，调配壁纸胶，在墙面上放线定位，展开壁纸检查花纹、对缝、裁切，设计粘贴方案，对壁纸、墙面涂刷专用壁纸胶，上墙对齐粘贴。最后，赶压壁纸中可能出现的气泡，严谨对花、拼缝，擦净多余壁纸胶，修整养护（图5-25～图5-30）。

★ 小贴士

壁纸的污染

随着生活水平不断提高，壁纸材料得到了广泛应用，但壁纸暴露出来的环保问题也越来越多。根据国内生产的工艺特点，壁纸存在甲醛、重金属、氯乙烯等有害物质。壁纸的污染主要来自壁纸本身释放出的挥发性有机化合物与壁纸胶黏剂，尤其是塑料壁纸可能残留铅、钡、氯乙烯等有害物质，胶黏剂中含有甲苯、二甲苯、甲醛等，对人体健康造成威胁，因此，在面积不大的空间中要控制壁纸的用量。

图5-25　墙面满涂封闭底漆

图5-26　根据墙面实际情况裁切壁纸

图5-27　调配好粘贴胶水并静置10分钟

图5-28　均匀滚涂壁纸胶

图5-29　从上向下粘贴壁纸

图5-30　使用刮板赶压壁纸

图5-31 涂胶器

使用壁纸涂胶器能大幅度提高施工效率，要预先将壁纸胶在容器中调配好以后再倒入涂胶器，涂胶器会均匀地将胶涂在壁纸背面，以备铺贴。

图5-32 壁纸涂胶

涂胶时应采用滚涂方式，最好采用壁纸涂胶器，涂胶会更均匀，且需注意塑料壁纸遇水后会膨胀，施工时要用水润纸，使塑料壁纸充分膨胀，纤维及纺织壁纸则无需润纸。

图5-33 对缝铺贴

铺装壁纸前要弹垂直线与水平线，拼缝时先对图案，后拼缝，使上下图案吻合，保证壁纸、壁布横平竖直、图案正确。

图5-34 刮板赶压

采用塑料刮板将壁纸中的气泡与空洞都赶压出来，力度适中，不要将胶也赶压出来了。

图5-31 | 图5-32
图5-33 | 图5-34

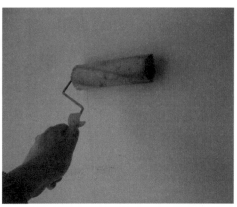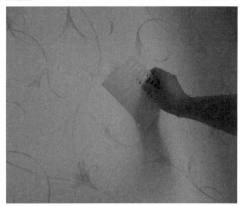

二、施工注意事项

铺装无纺壁纸时，背面不能刷胶黏剂，需将胶黏剂刷在墙面基层上，铺装壁纸后，要及时赶压出周边的壁纸胶，不能留有气泡。

铺装壁纸时溢流出的胶黏剂液，应随时用干净的毛巾擦干净，尤其是接缝处的胶痕要处理干净。壁纸施工应在相对湿度85%以下的环境中进行，温度不应有剧烈变化，要避免在潮湿季节或潮湿墙面上施工。

混凝土与抹灰基层面应清扫干净，将表面裂缝、凹陷等不平处用腻子找平后再满刮腻子，打磨平整，根据需要决定刮腻子的遍数。木质基层应刨平，无毛刺，无外露钉头、接缝，石膏板接缝用嵌缝腻子处理，并用防裂带贴牢，表面再刮腻子。

封固底漆要使用与壁纸胶配套的产品，涂刷一遍即可，不能有遗漏，针对潮湿环境，为了防止壁纸受潮脱落，还可以涂刷一层防潮涂料（图5-31~图5-34）。

第三节　地毯

一、地毯的特性

1. 定义

地毯是以棉、麻、毛、丝、草等天然纤维或化学合成纤维为原料，经手工或机械工艺进行编结、栽绒或纺织而成的地面铺装材料。

图5-35 | 图5-36 | 图5-37
图5-38 | 图5-39 | 图5-40

图5-35 块毯

块状地毯铺设方便而灵活，位置可随时变动，对于磨损严重的地毯可以随时调换，从而延长了地毯的使用寿命，达到既经济又美观的目的。

图5-36 卷毯

常见的化纤地毯、混纺地毯、无纺织纯毛地毯一般以卷材的形式生产、销售，属于卷毯，每卷地毯长度为10~30m，宽度为1.2~4.2m不等。

图5-37 门前地毯

门前地毯由花式方块地毯拼装而成，它们可以拼成不同的图案，小块地毯还可以划分功能区。

图5-38 纯毛地毯

纯毛地毯具有图案精美，色泽典雅，不易老化、褪色，具有吸音、保暖、脚感舒适等特点，它属于高档地面装饰材料。

图5-39 手工编织纯毛地毯

手工编织纯毛地毯具有图案优美、富丽堂皇、质地厚实、柔软舒适、保温隔热及吸声隔声等特点。

图5-40 机织纯毛地毯

机织纯毛地毯的性能与纯毛手工地毯相似，但价格远低于手工地毯，其弹性、抗静电、抗老化等性能都优于化纤地毯。

地毯款式主要为块毯与卷毯两种（图5-35、图5-36）。常见的化纤地毯、混纺地毯、无纺织纯毛地毯在销售时可以按米裁切计价，价格低廉，其中普通化纤地毯价格为15~25元/m²，铺设这种地毯能使空间显得宽敞，更有整体感，但损坏更换不太方便。

块毯价格相对较高，其中纯毛地毯价格为300~1000元/m²，甚至更高，而中高档纯毛地毯、混纺地毯一般以成品块状的形式生产、销售，高档纯毛地毯还有成套产品，每套由多块形状、规格不同的地毯组成（图5-37）。

2. 地毯种类

（1）纯毛地毯。纯羊毛地毯主要原料为粗绵羊毛，毛质细密，弹性较好，采用天然纤维制成，受压后能很快恢复原状。

1）特质。纯毛地毯不带静电，不易吸尘土，还具有一定的阻燃性。纯毛地毯优点甚多，但是它属于天然材料，抗潮湿性相对较差，而且容易发霉、虫蛀，不仅会影响地毯外观，还会缩短使用寿命（图5-38）。

2）种类。纯毛地毯分为手工编织与机织地毯两种，手工编织多采用优质绵羊毛纺纱，经过染色后织成图案，再以专用机械平整毯面，最后洗出丝光；机织纯毛地毯具有毯面平整、光泽好、富有弹性、抗磨耐用等特点（图5-39、图5-40）。

（2）混纺地毯。混纺地毯是以纯毛纤维与各种合成纤维混纺而成的地毯，因掺有合成纤维，所以价格较低，使用性能有所提高。例如，在羊毛纤维中加入20%的尼龙纤维混纺后，可使地毯的耐磨性提高5倍。

1）特质。混纺地毯价格适中，同时克服了纯毛地毯不耐虫蛀和易腐蚀等缺点，在弹性与舒适度上又优于化纤地毯，性价比最高，色彩及样式繁多，既耐磨又柔软。

2）种类。混纺地毯的品种极多，常以毛纤维与其他合成纤维混纺制成，例如，80%的羊毛纤维与20%的尼龙纤维混纺，或70%的羊毛纤维与30%的烯丙酸纤维混纺（图5-41）。

（3）化纤地毯。化纤地毯一般由面层、防松层、背衬3部分组成，面层以中、长簇绒纤维制作；防松层以氯乙烯共聚乳液为基料，添加增塑剂、增稠剂、填充料，以增强绒面纤维的固着力；背衬是用黏结剂与麻布胶合而成（图5-42）。化纤地毯的种类较多，主要有尼龙、锦纶、腈纶、丙纶及涤纶地毯等。化纤地毯中的锦纶地毯耐磨性好，易清洗，但易变形（图5-43）；腈纶地毯柔软、保暖、弹性好、不霉变、不腐蚀、不虫蛀；丙纶地毯质轻、弹性好、强度高，原料丰富，生产成本低；涤纶地毯耐磨性仅次于锦纶，耐热、耐晒、不霉变、不虫蛀，但存在染色困难的问题。

二、地毯的应用

1. 地毯搭配

（1）根据风格搭配。环境空间的装修风格直接影响地毯的选用，或是欧式风格，或是中式风格，或是古典风格，或是现代风格，这一切决定了地毯的类别、档次、色泽、图案等选购因素，选用具有一定风格的地毯才能使装修达到尽善尽美、锦上添花的效果。

（2）根据区域来搭配。环境空间由多个不同区域组成，如走道、会客室、展厅等，由于这些区域的功能不同，也造成使用方式不同，或静或闹，或冷或暖，为了适应不同区域的特殊性，各区的地毯选择应既有所区别，又相呼应。

纯毛地毯价格较高，一般选用面积较小的块毯铺设在空间局部，如床边、沙发边，每间房配置1块即可；混纺地毯性价比较高，可以选购面积较大的块毯铺设在中西餐厅、KTV包房地面，如餐桌、茶几下面；化纤地毯价格低廉，可以大面积铺装在办公间、健身房、棋牌室等房间，可以满铺，但是不宜铺装在卧室、客房；化纤地毯、剑麻地毯可以铺设在门厅、走道、卫生间的出入口处，用于吸收鞋底灰尘、水分。

2. 地毯选购识别方法

（1）地毯产品的原料品种较多，选购时主要观察地毯的绒头密度，可以用手去触摸地毯，感受手部的触感。

（2）仔细观察地毯的软硬度，地毯毛绒的软硬与地毯质量无关，主要质量差异在于毛绒与基层毯之间的衔接力度，优质产品衔接很紧密，绒头不易倒塌、变形、折断，相反，伪劣产品非常松散（图5-44～图5-47）。

图5-41
图5-42
图5-43 | 图5-44 | 图5-45

图5-41 混纺地毯

图5-42 化纤地毯

图5-43 锦纶地毯

图5-44 观察密度

取地毯样品，仔细观察，优质地毯的绒头质量高，毯面的密度丰满，这样的地毯弹性好、耐踩踏、耐磨损且舒适耐用。

图5-45 观察背面

取地毯样品，在光线充足的情况下，仔细观察毯背是否有脱衬、渗胶等现象，有则为劣质品。

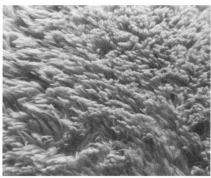

图5-46 图5-47
图5-48 图5-49 图5-50

图5-46 脱离测试

撒一些米粒在地毯上，用宽胶带将米粒粘起来，看是否会将地毯的毛绒纤维也粘起来，如果将毛绒纤维也粘到胶带上，则说明地毯容易掉毛，质量不佳。

图5-47 吸尘测试

打开吸尘器最大风量，观察吸尘器的集尘容器中是否有地毯的毛绒纤维，如果有，则说明地毯容易掉毛，质量不佳。

图5-48 预先放线定位

图5-49 铺装时注意对齐花纹

图5-50 楼梯铺设地毯时要粘贴牢固

钢钉钉接
倒刺板
防潮垫
木踢脚线
地毯
倒刺板

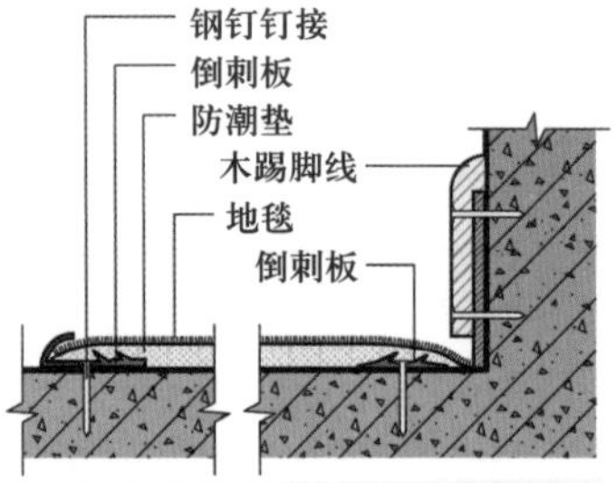

图5-51 卷毯铺装构造

此图为卷毯铺装构造示意图，在进行卷毯铺装时，钉倒刺板挂毯条应沿房间或走道四周踢脚板边缘，要用高强水泥钉将倒刺板钉在地面基层上，倒刺板应距离踢脚板面8~10mm，以便于钉牢倒刺板。

第四节 地毯铺装施工

地毯有块毯与卷毯两种形式，块毯铺设简单，将其放置在合适的位置压平即可，而卷毯一般采用卡条固定，适用于各种场所。

一、施工方法

首先，在铺装地毯前必须进行实地测量，观察墙角是否规整，准确记录各墙角角度。接着，根据计算好的下料尺寸在地毯背面弹线、裁切，并安装好踢脚线，踢脚线下沿至地面间隙应比地毯厚度大2~3mm。安装边缘倒刺板，接缝处应用胶带粘贴在两块地毯背面，要先将接缝处不齐的绒毛修齐，直至表面看不出接缝痕迹为佳。当地毯铺设后，用撑子将地毯拉紧、张平，挂在倒刺板上。最后，裁割地毯时应沿地毯经纱裁割，只割断纬纱，不割经纱，对于有背衬的地毯，应从正面分开绒毛，找出经纱、纬纱后再裁切（图5-48~图5-50）。

二、施工要点

铺设地毯的基层一般为水泥地面，也可以是木地板或其他材质地面，要求表面平整、光滑、洁净，如有油污，须用丙酮或松节油擦净。地毯如果铺设在水泥地面上，水泥地面应具有一定的强度，表面平整偏差应不大于4mm。

地毯裁剪前一定要精确测量空间尺寸，每段地毯的长度要比实际测量尺寸长50mm左右，宽度要以裁去地毯边缘线后的尺寸计算。弹线裁去边缘部分时，要从毯背裁切，裁好后卷成卷并编上号，放入对号部位，固定地毯时，先将地毯长边固定在倒刺板上，毛边掩到踢脚板下。门口压条、门框及过道平台等部位的地毯铺装应进行套割、固定、掩边等操作。将地毯固定在倒刺板上时，要掩好毛边，多出的地毯应裁切掉，直至四个边都固定在倒刺板上（图5-51）。

第五节　窗帘

窗帘是用布、竹、苇、麻、纱、塑料、金属材料等制作的遮蔽窗户或调节室内光照的帘子。窗帘的主要作用是与外界隔绝，保持环境空间的私密性（图5-52）。

一、窗帘种类

1. 百叶窗帘

（1）分类。百叶窗帘按照材料和帘片方向可以分为水平百叶窗帘、垂直百叶窗帘及竹制百叶窗帘。

1）水平百叶窗帘。水平百叶窗帘的特点是当转动调光棒时能使帘片转动，能随意调整室内光线，拉动升降拉绳能使窗帘升降并停留在任意位置（图5-53）。

2）垂直百叶窗帘。垂直百叶窗帘的特点是帘片垂直、平整，间隔均匀、线条整洁明快，装饰效果极佳，其中布艺垂直百叶还具有防潮、防水、防腐等特点（图5-54）。

3）竹制百叶窗帘。竹制百叶窗帘的竹帘有良好的采光效果，纹理清晰、色泽自然，使人感觉回归自然。

（2）规格和价格。百叶窗帘的条带宽有80mm、90mm、100mm及120mm等多种，不同材质的百叶窗帘需用在不同的空间内。例如，木质与竹制百叶窗帘适合用于家居空间，铝合金或钢制的适宜用于公共空间，常见的塑料百叶窗帘价格低廉，为60～80元/m²，金属与木材百叶窗帘价格较高，为150～250元/m²。

2. 卷筒窗帘

（1）特质。卷帘具有外表美观简洁、结构牢固耐用等诸多优点，当卷帘面料放下时，能让室内光线柔和，免受直射阳光的困扰，达到很好的遮阳效果，当卷帘升起时它的体积又非常小，不易被察觉。

（2）分类。卷帘的形式多样，主要分为弹簧式、电动收放式、珠链拉动式3种，弹簧式卷帘最常见，结构紧凑，操作灵活；电动收放式卷帘只需拨动电源开关，操作简便，工作安静平稳（图5-55）；珠链拉动式卷帘是一种单向控制运动的机械窗帘，动作平滑稳定（图5-56）。

图5-52 窗帘

窗帘既可以减光、遮光，以适应人对光线不同强度的需求，又可以防风、除尘、隔热、保暖、消声、防辐射，改善环境空间。

图5-53 水平百叶窗帘

水平百叶式窗帘由横向板条组成，只要稍微改变一下板条的旋转角度，就能改变采光与通风。

图5-54 垂直百叶窗帘

垂直百叶窗帘属于简单的遮挡方式，经济实惠，大部分是白色，比较百搭，因叶片垂悬挂于上轨而得名，可以达到遮阳的目的，大方、线条明快。

图5-55 电动收放式卷帘

电动收放式卷帘根据帘布的尺寸与重量可选用不同规格的电动机，可用1个电动机拖多副卷帘，适用于大型空间。

图5-56 珠链拉动式卷帘

珠链拉动式卷帘只要拉动珠链传动装置，帘布便会上升或下降，操作简单，使用方便。

（3）规格和价格。卷帘的规格可以根据需求定制，弹簧式卷帘以4m²以内为宜，电动式卷帘的宽度可达2.5m，高度可达20m，珠链拉动式卷帘高度一般为3～5m，常见的弹簧式卷帘价格较低，为50～80元/m²。

3. 折叠窗帘

（1）定义。折叠窗帘的机械构造与卷筒式窗帘类似，第1次拉动即下降，所不同的是第2次拉动时，窗帘并不像卷筒式窗帘那样完全缩进卷筒内，而是从下面一段段打褶升上来，褶折幅度与间距要根据面料的质感来确定（图5-57）。

（2）规格和价格。折叠窗帘使用的面料特别丰富，规格可根据需求定制，每个单元的宽度宜≤1.5m，中档折叠窗帘价格为100～150元/m²。

4. 垂挂窗帘

（1）定义。垂挂窗帘的构造最复杂，由窗帘轨道、装饰挂帘杆、窗帘箱或帘楣幔、窗帘、吊件、窗帘缨（扎帘带）、配饰五金件等组成（图5-58）。

（2）规格和价格。垂挂窗帘主要用于家居空间、中西餐厅、酒店大堂、客房等私密、温馨的空间里。垂挂窗帘的规格可根据需求定制裁剪，中档垂挂窗帘价格为200～300元/m²。

二、窗帘应用

1. 质地选用

选择窗帘应当考虑装修的整体效果，薄型织物如薄棉布、尼龙绸、薄罗纱、网眼布等制作的窗帘，不仅能透过部分自然光线，同时又能令人在白天有隐秘感与安全感，由于这类织物具有质地柔软、轻薄等特点，因此悬挂效果较好（图5-59）。选购厚型窗帘时，宜选择诸如灯芯绒、呢绒、金丝绒、毛麻织物等材料制作（图5-60、图5-61）。

图5-57 折叠窗帘

折叠窗帘应根据使用程度，定期更换窗帘拉绳，避免拉绳与窗帘发生缠绕，窗帘全部上升到位以后，仍会有一部分遮住窗户。

图5-58 垂挂窗帘

垂挂窗帘除了不同的类型选用不同织物与式样以外，用窗帘缨束围成的帷幕形式也是一种流行的装饰手法。

图5-59 薄罗纱窗帘

薄罗纱窗帘具有良好的透光性和透气性，质地较轻，能够营造一种比较轻快的室内氛围。

图5-60 金丝绒窗帘

金丝绒窗帘质地比较厚重，一般给人一种较肃穆的感觉，整体较华贵，手感也十分不错。

图5-57	图5-58
图5-59	图5-60

2. 花色图案

窗帘织物的花色应与环境空间相协调，根据所在地区的环境与季节来权衡确定，夏季宜选用冷色调织物，冬季宜选用暖色调织物，春秋两季则应选择中性色调织物。

从空间整体协调的角度上来看，应考虑与墙体、家具、地板等的色彩保持协调，如果家具较深，就应选用浅色窗帘，以免过深的颜色令人产生压抑感。

3. 样式尺寸

对于面积较小的空间，窗帘应以比较简洁的式样为佳，以免使空间因为窗帘的繁杂而显得更为窄小。对于面积较大的房间，则宜采用比较大方、气派、精致的式样，窗帘的宽度尺寸一般以两侧比窗户各宽出100mm左右为宜，底部应视窗帘式样而定，短式窗帘也应长于窗台底线150mm左右，落地窗帘一般应距地面50mm。垂挂窗帘都带有褶皱，这需要按窗户的实际宽度将窗帘布料以一定比例加宽（图5-62）。

4. 颜色搭配

浅绿、淡蓝等自然、清新的颜色，能使人心情愉悦，容易失眠的人可以尝试选用红、黑搭配的窗帘，有助于尽快入眠。

色调与图案均明快的窗帘，给人热情好客之感，如果加以网状窗纱点缀，更会增强空间层次（图5-63）。

餐厅选用黄色、橙色窗帘能增进食欲，白色则有清洁之感，办公室窗帘应以中性偏冷色调为主，其中以淡绿、墨绿色、浅蓝色为佳。

卧室、客房则应选择色调平稳的窗帘，如浅棕色、棕红色的家具可搭配蓝绿、米黄、橘黄色窗帘，白色家具可配浅咖啡、浅蓝、米色窗帘。

图5-64 闻窗帘气味

仔细闻一下窗帘的气味，如果面料散发出刺鼻的异味，就说明可能有甲醛等有害物质残留，最好不要购买。

图5-65 拉扯窗帘

使用一定的力度拉扯窗帘，感受其韧性，表面不会出现线条开裂或者色泽变化的为优质品。

图5-64｜图5-65

5. 选购识别

选购窗帘时要注意面料质量，可以嗅闻窗帘布料味道，看是否有令人不适的味道（图5-64）；在挑选窗帘颜色时，以选购浅色调为宜，这样甲醛、染色牢度超标的风险会小些；关注面料品质，可以用手拉扯一下窗帘面料，不能出现开裂、脱落等痕迹（图5-65）；检查配件，各种配件应无毛刺、锈迹；棉花、亚麻、丝绸、羊毛质地的产品价格较高，带有团花、碎花图案的布艺窗帘最受欢迎，但要注意这些质地的织物有一定的缩水率，购买时尺寸要松一些，缩水率在5%左右。

第六节　窗帘安装施工

不同类型的窗帘有不同的安装方法，这里就卷筒窗帘和百叶窗帘来做一个具体的介绍，其他窗帘均可以此为参考。

一、卷筒窗帘安装

卷筒窗帘的安装比较简单，一般在买回来的窗帘中都会有说明书，依据说明书也可以很快捷地安装窗帘。

1. 安装方法

（1）安装前检查工作。安装之前首先要做的就是测量相关的尺寸，主要测量窗户的高度、宽度及离天花板的距离（图5-66）。将门上多余的残留物清除掉，一般门高为2.2m，安装之前可以先准备一个三角梯，方便操作（图5-67）。将买回的卷筒窗帘布放置在桌子上，打开查看是否有色差、破裂、起皱、宽度不均等现象，一旦发现，应立即更换（图5-68）。打开窗帘包装袋，可以看到购买的卷筒窗帘里包括有窗帘滚轴、拉绳、螺丝、固定杆件及窗帘底盖等配件，安装之前要检查螺丝尺寸大小是否合适（图5-69）。打开卷筒窗帘布，轻轻拉扯，检查其柔韧性和抗压能力，确定无误后将窗帘布卷起来，放置一边备用（图5-70）。

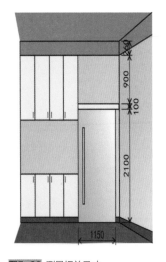

图5-66 测量相关尺寸

图5-67 清除门上残留物

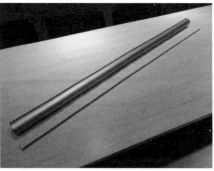

图5-68 检查窗帘布是否有色差

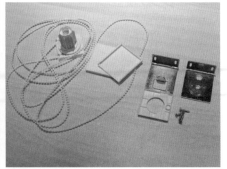

图5-69 检查相应配件

图5-70 检查窗帘布的柔韧性和抗压能力

图5-71 用马克笔记好钻孔位置

图5-72 使用充电式电钻钻小孔

图5-73 钉入螺丝钉

图5-74 安装窗帘金属底座

图5-75 测量窗帘布宽度和底座之间的间距

图5-76 将滚轴插入卷筒窗帘中

图5-77 安装金属底座

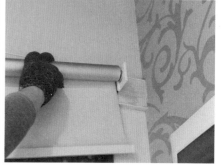

图5-78 固定窗帘

（2）打孔定位。使用卷尺测量孔洞位置，确定好孔洞的位置后，用马克笔画上十字标识图案，既醒目又方便，十字标识图案的中心即为钻孔的位置（图5-71）。

使用充电式电钻在十字标识的中心处轻微地钻一个小孔，这样可以方便后期用梅花起子将螺丝钉入木板内，节省了时间（图5-72）。钻孔结束后，将窗帘底座对孔放置在门头上，然后使用梅花起子先将一枚螺丝钉拧入孔洞内（图5-73）。依照上述步骤安装另一边窗帘金属底座（图5-74）。固定好底座后，要测量好卷筒窗帘布的宽度和两个底座的间距（图5-75）。

（3）安装卷筒。将滚轴插入卷筒窗帘中，使滚轴与卷筒窗帘贴合紧密，没有空隙（图5-76）。将对应的塑料窗帘底座安装在金属底座上，注意对准角度，不要太过用力，以免塑料底座破裂，另一边也是如此（图5-77）。将卷筒窗帘的一边对准拥有圆形孔洞的底座，使其固定在底座上（图5-78）。将卷筒窗帘的另一边安装在底座上，此时安装会有些费力，将窗帘向上移动，将其缓缓地安装进底座即可，安装结束后用手按压窗帘的中心，检查窗帘两边是否均安装准确（图5-79）。将塑料底座盖安装到底座上，安装时沿着孔洞方向慢慢往前推，另一边也是如此安装底座盖，安装结束后注意检查（图5-80）。

图5-79 固定另一边窗帘

图5-80 安装塑料底座盖

图5-81 检验拉合度

（4）检查性能。卷筒窗帘安装结束之后拉动拉绳，检查窗帘上下拉合是否有障碍，注意把控力度，力度过大可能会将拉绳上的拉珠扯掉（图5-81）。

2. 注意事项

卷筒窗帘适合安装在面积小的窗户上，使用起来也会比较方便。

钻孔时注意先拧入螺丝钉的1/3，等另一孔洞的螺丝钉拧入1/3后再拧剩下的一部分，这样可有效保证窗帘安装的平稳性。

安装另一边窗帘底座时，注意辨别两边底座的区别，一个是中心有圆孔的底座，安装在没有滚轴的一边；一个是中心有方孔的底座，安装在有滚轴的一边。

测量卷筒窗帘布的宽度和两个底座之间的间距时，要确保窗帘布的宽度与底座间间距一致，如果发现有偏差，要及时进行更改。

将滚轴插入卷筒窗帘中时，注意滚轴要摆正，不要有偏差，插入后要拍两下，这样在后期使用中窗帘才不会轻易脱落。

卷筒窗帘在使用时要注意保养，一般可以蘸取适量的酒精来进行清洗，尽量避免油污物等与其触碰。

★ 补充要点

窗帘维护保养方法

新购置的窗帘使用1～2月后应当进行清洗，在清水中充分浸泡、水洗，以减少残留在织物上的甲醛，水洗以后最好将窗帘布放在室外通风处晾晒。

（1）布料窗帘。绒布窗帘的吸尘力较强，换下后抖下灰尘再放入含有清洁剂的水中浸泡15分钟。绒布窗帘不宜用洗衣机清洗，可用手轻压滤水。洗净之后不要用力拧，使水自动滴干蒸发即可。棉麻布窗帘可以直接放入洗衣机中清洗，洗衣粉加少许衣物柔顺剂，可以使棉麻布窗帘洗后更加柔顺。

（2）百叶帘与卷帘。百叶帘可以直接清洗，在百叶帘上喷洒适量清水，用抹布擦干即可。百叶帘的拉绳可以用蘸有清洗剂的湿抹布清洗。卷帘可以直接蘸洗涤剂清洗，特别注意卷帘四周容易吸附灰尘的位置，可用软刷去除灰尘，再用清水擦拭清洗。

二、百叶窗帘安装

百叶窗帘除去最常见的铝合金材质的，还有印有各类图案的竹质百叶窗帘等，百叶窗帘在办公空间中经常会有用到，现在家居中也会运用到百叶窗帘。

1. 安装方法

第一，百叶窗帘安装前也同样需要测量尺寸，测量区域与卷筒窗帘基本一致（图5-82）。

第二，佩戴好手套，并检验百叶窗帘的拉绳是否存在断裂现象（图5-83）。

第三，检查摇杆和其他配件是否有问题，如有问题必须及时更换，并确认螺丝大小是否正确（图5-84、图5-85）。

第四，测量门上长、宽等数值和百叶窗帘的长度，并与设计图纸相比对看是否正确（图5-86、图5-87）。

第五，对比百叶窗帘配件上的孔洞，用记号笔在要安装的位置画好孔洞的位置，同样可以画十字交叉标识，方便后期钉入螺丝（图5-88）。

第六，使用充电式电钻将螺钉的1/3钉入到木板中，然后再将另一个螺丝也钉入同样的深度，拔出螺丝，备用，预留的孔洞可以防止螺丝安装时打滑（图5-89）。

第七，安装窗帘挂件并将窗帘安装到其中（图5-90、图5-91）。

第八，将百叶窗帘U型铝合金中的塑料拉片拉出，并将上方金属挂件与U型铝合金的卡口对准，然后松开塑料拉片，另一边也依照这种方法将百叶窗帘卡扣在挂件上（图5-92）。

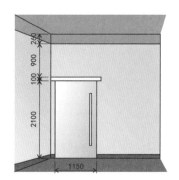
图5-82 测量相关的尺寸

图5-83 检查拉绳

图5-84 检查摇杆是否断裂

图5-85 检查螺丝尺寸是否合适

图5-86 测量百叶窗帘的长度

图5-87 测量门头百叶窗帘安装长度

图5-88 用记号笔记下钻孔位置

图5-89 钉入螺钉

图5-90 安装窗帘挂件

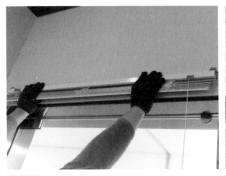
图5-91 安装窗帘

图5-92 安装窗帘卡扣

图5-93 检验开合度

第九，同时拉动两根拉绳，百叶窗帘会同时被卷起，上下来回拉动窗帘，检验其开合是否顺畅（图5-93）。

2. 注意事项

百叶窗帘适用于面积比较小的窗户，也适用于需要调节遮光环境和一定隐私度的区域，百叶窗帘上一般都会配备有拉绳，购买回来后要检查拉绳是否无断裂。

百叶窗帘拉绳的另一边是摇杆，摇杆主要控制百叶窗帘叶片的闭合度，在安装之前，也需要检查摇杆是否有裂痕。

将窗帘挂件对准之前打好的孔洞，注意上下方向不要安装错误，安装时保证挂件与木板处于一个平行的状态。

将整理好的百叶窗帘放入两个配件中间时，注意孔对孔，建议利用梯子，这样高度上比较方便，也有利于卡紧窗帘。

使用拉绳时要注意力度，另外拉绳的清洁和保养也要定期做，旋转摇杆时要慢慢地转动杆身，太过用力或者转杆速度过快，都有可能将摇杆转断。

本章小结：

由于壁纸具有特殊性，其装修色彩和风格成为整个家庭的基调。壁纸的多样化完全符合家庭装饰中"轻装修、重装饰"的原则，深受广大消费者的喜爱。壁纸的铺贴也是一门大学问，对壁纸有所了解的人都知道，壁纸张贴之后的效果如何，三分在于壁纸，七分在于铺贴，由此可见壁纸的铺贴有多么重要，想要让壁纸铺贴展现出更好的墙面效果，必须选择专业的壁纸铺贴团队。

第六章

油漆涂料

识读难度： ★ ★ ★ ☆ ☆

核心概念： 填料、普通涂料、装饰涂料、特种涂料、涂料施工

章节导读： 油漆与涂料的概念并无明显区别，只是油漆多指以有机溶剂为介质的油性漆，或是某种产品的习惯名称。油漆涂料是能牢固覆盖在装修材料表面的混合材料，是能形成粘附能力且具有一定强度与连续性的固态薄膜，能对装修材料起保护、装饰、标志作用。现代装修中运用的油漆涂料品种繁多，一般以专材专用的原则选用。

第一节　基础填料

填料又称为填泥，是平整墙体、装饰构造表面的一种凝固材料，一般涂装于底漆表面或直接涂装在装饰构造表面，既能用来平整涂装表面高低不平的缺陷，又能在表面作全部刮涂。

一、石膏粉

1. 定义

石膏粉又称为生石膏，而现代装修所用的石膏粉多为改良产品，在传统石膏粉中加入了增稠剂、促凝剂等添加剂，才使得石膏粉与基层墙体、构造结合更完美（图6-1、图6-2）。

2. 特质和应用

石膏粉凝结速度比较快，防火性能好，同时具备保湿、隔热、吸声、耐水、抗渗、抗冻等功能。石膏粉主要用于修补石膏板吊顶，隔墙填缝，刮平墙面上的线槽，刮平未批过石灰的水泥墙面等，能使表面具有防开裂、固化快等特点（图6-3、图6-4）。

3. 规格和价格

品牌石膏粉的包装规格一般为每袋5～50kg等多种，可以根据实际用量来选购，其中包装为20kg的品牌石膏粉价格为50～60元/袋，散装普通生石膏粉价格为2～3元/kg。

二、腻子粉

1. 定义

腻子粉是指在油漆涂料施工之前，对施工界面进行预处理的一种成品填充材料，主要目的是填充施工界面的孔隙并矫正施工面的平整度，为了获得均匀、平滑的施工界面打好基础（图6-5、图6-6）。

图6-1 石膏粉

石膏粉硬化后具有一定的膨胀性，凝结硬化后孔隙率大，还可调节室内温度和湿度。

图6-2 石膏粉应用

石膏粉可以用于刮平墙面裂缝，能使表面具有硬度高、易施工的优点。

图6-3 生石膏粉

图6-4 熟石膏粉

图6-1	图6-2
图6-3	图6-4

特级熟石膏粉
25±0.25KG
石膏制品有限公司

图6-5 ｜ 图6-6 ｜ 图6-7

图6-5 腻子粉调和

一般多将腻子粉加清水搅拌调和，即可得到能立即用于施工的成品腻子，又称为水性腻子，在施工现场兑水即用，操作方便，工艺简单。

图6-6 腻子粉包装

腻子粉一般成袋包装，需放置于干燥区，并做好相应的防潮处理，包装袋周边也不应有硬物，以免袋子被割破。

图6-7 原子灰

原子灰主要是对底材凹坑、针缩孔、裂纹和小焊缝等缺陷的填平与修饰，以达到满足涂刷面漆前底材表面平整、平滑的目的。

2. 特质

腻子粉不耐水，适用于北方干燥地区，如果用于要求耐水、高粘结强度的地区，还要加入水泥、有机胶粉、保水剂等配料。而对于彩色墙面，可以采用彩色腻子，即在成品腻子中加入矿物颜料，如铁红、炭黑、铬黄等。

3. 规格和价格

腻子粉的品种十分丰富，知名品牌腻子粉的包装规格一般为20kg/袋，价格为50～60元/袋。其他产品的包装一般为5～25kg/袋不等，可以根据实际用量来选购，其中包装为15kg的腻子粉价格为15～30元/袋。

三、原子灰

1. 定义

原子灰是一种不饱和聚酯树脂腻子，具有易刮涂、常温快干、易打磨、附着力强、耐高温、配套性好等优点，是填充各种板材表面的理想材料（图6-7）。

2. 特质

原子灰的作用与上述腻子粉一致，只不过腻子粉主要用于墙顶面乳胶漆、壁纸的基层施工，而原子灰主要用于金属、木材表面刮涂，或与各种底漆、面漆配套使用，是各种厚漆、清漆、硝基漆涂刷的基层材料。

3. 规格和价格

原子灰的品种十分丰富，知名品牌腻子粉的包装规格一般为3～5kg/罐，价格为20～50元/罐，可以根据实际用量来选购。

四、填料识别选购方法

1. 一看

打开包装仔细闻填料的气味，优质产品无任何气味，而有异味的一般为伪劣产品。

2. 二捏

用手拿捏一些腻子粉，感受其干燥程度，优质产品应当特别细腻、干燥，在手中有轻微的灼热感，而冰凉的腻子粉则大多受潮。

3. 三观察

仔细阅读包装说明，部分产品的包装说明上要求加入建筑胶水或白乳胶，则说明这并不是真正的成品填料。

4. 四添加

有的产品虽然没有提出添加额外材料的要求，但是经销商确建议另购一些辅助材料添加进去，这也说明产品质量不完善。

五、填料一览表（表6-1）

名称	图例	性能特点	用途	价格
石膏粉		凝结速度快，防火性能好，保湿、隔热、吸声、耐水、抗渗、抗冻	修补石膏板吊顶、隔墙填缝，刮平未批过石灰的水泥墙面等	20kg，50～60元/袋，散装，2～3元/kg
腻子粉		不耐水，操作方便，施工简单	填充施工界面孔隙，矫正施工面的平整度	品牌，20kg，50～60元/袋，其他，5～25kg/袋，15kg，15～30元/袋
原子灰		易刮涂，常温快干；易打磨，附着力强，耐高温	金属、木材表面刮涂	品牌，3～5kg/罐，20～50元/罐

第二节　普通涂料

普通涂料是装修中常用的材料，主要用于各种家具、构造、墙面及顶面等界面涂装，种类繁多，选购时要认清产品的性质。

一、清漆

1. 定义

清漆又称为凡立水，是一种不含着色物质的涂料，也称透明漆，清漆涂在装饰构造表面，干燥后形成光滑薄膜，能充分显露出原有的纹理、色泽。

2. 分类

（1）酯胶清漆。酯胶清漆又称为耐水清漆，耐水性好，但光泽不持久，干燥性差，主要用于木材表面涂装（图6-8）。

（2）虫胶清漆。虫胶清漆又名泡立水、酒精凡立水，虫胶清漆干燥快，可使木纹更清晰，缺点是耐水性、耐候性差，日光暴晒会失去光泽，热水浸烫会泛白，专用于木器表面装饰与保护涂层（图6-9）。

（3）酚醛清漆。酚醛清漆又称为永明漆，干燥较快，漆膜坚韧耐久，光泽好，耐热、耐水、耐弱酸碱，缺点是漆膜易泛黄、较脆，主要用于涂饰木器表面，或涂在油性色漆上罩光（图6-10）。

图6-8 酯胶清漆应用

酯胶清漆漆膜光亮，耐水性较好，可用于涂饰家具和门窗，也可以作金属表面罩光。

图6-9 虫胶清漆

虫胶清漆一般呈棕色半透明液体，属于挥发性涂料，漆膜硬，光亮附着力好，但不耐酸碱。

图6-10 酚醛清漆

酚醛清漆漆膜光亮、坚硬、美观且耐久性好，耐水性和耐烫性好，目前使用不多。

图6-11 醇酸清漆

醇酸清漆硬度高，但膜脆，抗大气性较差，可用于木材表面涂装。

图6-12 硝基清漆

硝基清漆属于挥发性油漆，干燥快，但高湿天气易泛白，丰满度低，硬度低。

图6-13 丙烯酸清漆

丙烯酸清漆可以常温干燥，具备良好的防霉性和耐光性，但遇热水易泛白。

图6-14 聚酯清漆

聚酯清漆使用方便，且后期不会引起乳胶漆墙面出现泛黄的现象，手感较细腻。

图6-15 氟碳清漆

氟碳清漆防腐性和防霉性优越，使用持久，柔韧性良好，耐黄变性十分不错。

图6-10	图6-11	图6-12
图6-13	图6-14	图6-15

（4）醇酸清漆。醇酸清漆又称为三宝漆，干燥快，可抛光打磨，色泽光亮，耐热，主要用于室内外金属及醇酸磁漆罩光等（图6-11）。

（5）硝基清漆。硝基清漆又称清喷漆、腊克。硝基清漆的光泽、耐久性良好，主要用于木材及金属表面涂装，也可作硝基外用罩光（图6-12）。

（6）丙烯酸清漆。丙烯酸清漆耐候性、耐热性及附着力良好，可用于涂饰各种木质材料表面（图6-13）。

（7）聚酯清漆。聚酯清漆具有快干、漆膜光亮等特点，可用于涂饰木材面，也可作金属面罩光（图6-14）。

（8）氟碳清漆。氟碳清漆具有超耐候性与持久性等优异性能，可用于多种涂层与基材的罩面保护（图6-15）。

3. 应用

清漆主要用于家具、地板、门窗等装修构造的表面涂装，也可以加入颜料制成瓷漆，或加入染料制成有色清漆。

4. 规格和价格

传统清漆价格低廉，常用包装为0.5～10kg/桶，其中2.5kg包装产品价格为55～60元/桶，需要额外购置稀释剂调和使用。现代清漆多用套装产品，1组包装内包括漆2kg、固化剂1kg、稀释剂2kg 3种包装，价格为240～300元/组，每组可涂刷15～25m²。

5. 选购

（1）由于清漆为密封包装，从外部很难看出产品质量，可以先购买小包装产品，用于装修中的次要界面涂装，如果涂刷流畅，结膜性好则说明质量不错。

（2）可以将清漆的包装桶提起来晃动，如果有较大的液体撞击声，则说明包装严重不足，缺斤少两或黏稠度过低，而优质产品几乎听不到声音。

二、厚漆

1. 定义

厚漆又称为混油，是采用颜料与干性油混合研磨而成的油漆产品，需要加清油溶剂搅拌后才可使用。

2. 特质

厚漆遮覆力强，可以覆盖木质纹理，经常用于涂刷面漆前的打底，也可以单独用作面层涂刷。这种漆色彩种类单一，主要用于木质家具、构造的表面涂装，能完全遮盖木质纹理，给木质构造重新定义色彩。

3. 分类

（1）醇酸厚漆。传统厚漆为醇酸厚漆，价格低廉，常用包装为0.5～10kg/桶，其中2.5kg包装产品价格为50～60元/桶，需要额外购置稀释剂调和使用。现代厚漆多用套装产品，1组包装内包括漆2kg、固化剂1kg、稀释剂2kg 3种包装，价格为200～300元/组，每组可涂刷15～20m²。

（2）硝基厚漆。硝基厚漆涂膜干燥快，平整光滑，耐候性好，但耐磨性差，优点是装饰效果较好，不氧化发黄，质地细腻、平整，但固含量较低，需要较多的施工次数才能达到较好的效果，适用于室内外金属与木质表面的涂装。硝基厚漆常用包装为0.5～10kg/桶，其中3kg包装产品价格为70～80元/桶，需要额外购置稀释剂调和使用（图6-16、图6-17）。

（3）聚酯厚漆。聚酯厚漆也叫不饱和聚酯漆，漆膜丰满，层厚面硬。聚酯厚漆的优点很多，不仅色彩十分丰富，而且漆膜厚度大，喷涂两三遍即可，并能完全把基层的材料覆盖，因而制作家具时可以在密度板上直接涂刷聚酯厚漆，对基层材料的要求并不高（图6-18）。

（4）氟碳厚漆。氟碳厚漆又称氟碳漆、氟涂料及氟树脂涂料等，氟碳厚漆用于涂刷家具，可以免维护、自清洁，具有极好的疏水性，涂刷氟碳厚漆的家具表面不会黏尘结垢，防污性好（图6-19）。

图6-16 | 图6-17
图6-18 | 图6-19

图6-16 硝基厚漆涂装

硝基厚漆主要用于木器及家具、金属、水泥等界面的涂装。

图6-17 硝基厚漆色板

硝基厚漆色板提供多种颜色，以供选购者挑选。

图6-18 聚酯厚漆

聚酯厚漆综合性能优异，因有固化剂的使用，漆膜的硬度更高，丰富度更高，耐湿热、干热、酸碱油、溶剂及化学药品，并且绝缘性很高。

图6-19 氟碳厚漆

氟碳厚漆具有特别优越的综合性能，其耐候性、耐热性、耐低温性及耐化学药品性等性能均十分优越，而且具有独特的不黏性和低摩擦性。

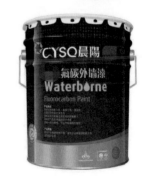

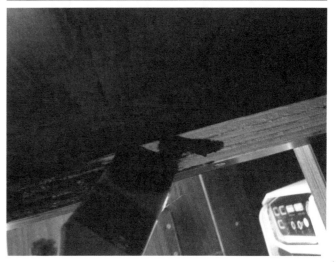

图6-20 | 图6-21
图6-22

图6-20 水性木器漆涂装样本

图6-21 水性木器漆涂装界面

图6-22 水性木器漆应用

水性木器漆一般用于不太重要的装饰构造上，如家具的侧部板材，如果用于台面或桌面等部位则十分容易受到磨损，因而不建议如此使用。

三、水性木器漆

1. 定义

水性木器漆是以水作为稀释剂的漆，又称为水溶性漆，具有无毒环保、无气味、可挥发物极少、不燃不爆、高安全性、不黄变以及涂刷面积大等优点（图6-20、图6-21）。

2. 分类

（1）丙烯酸水性漆。丙烯酸水性木器漆的主要特点是附着力好，不会加深木器的颜色，但耐磨及抗化学性较差，漆膜硬度较软，丰满度较差，综合性能一般，施工易产生缺陷，其优点是价格便宜。

（2）聚氨酯水性漆。聚氨酯水性漆的综合性能优越，丰满度高，漆膜硬度强，耐磨性能甚至超过油性漆，在使用寿命、色彩调配等方面都有明显的优势，为水性漆中的高级产品。

（3）丙烯酸树脂与聚氨酯水性漆。丙烯酸树脂与聚氨酯水性漆除了秉承丙烯酸漆的特点外，又增加了耐磨及抗化学性强的特点，漆膜硬度较好，丰满度较好，综合性能接近油性漆。

3. 应用

水性木器漆主要用于各种木质家具、构造的表面涂装，虽然水性漆具有环保、漆膜效果好等优点，但是单组分水性漆的硬度、耐高温等性能与传统的油性清漆还存在一定差距（图6-22）。

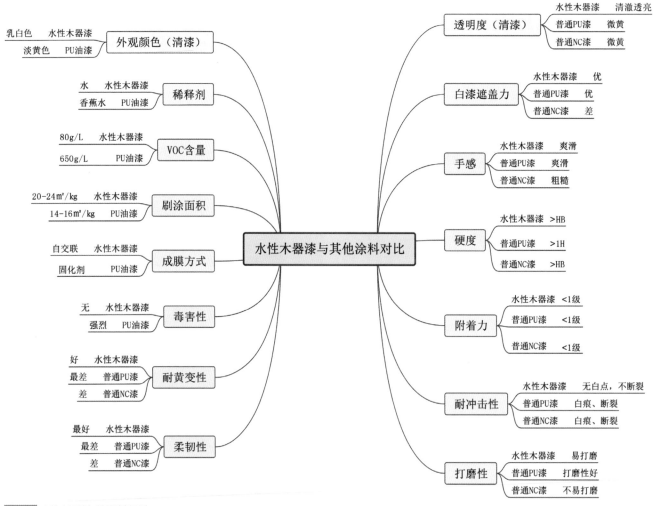

图6-23 水性木器漆与其他涂料对比

图中内容：

左侧分支（水性木器漆与其他涂料对比）：

- 外观颜色（清漆）：乳白色 水性木器漆／淡黄色 PU油漆
- 稀释剂：水 水性木器漆／香蕉水 PU油漆
- VOC含量：80g/L 水性木器漆／650g/L PU油漆
- 刷涂面积：20-24m²/kg 水性木器漆／14-16m²/kg PU油漆
- 成膜方式：自交联 水性木器漆／固化剂 PU油漆
- 毒害性：无 水性木器漆／强烈 PU油漆
- 耐黄变性：好 水性木器漆／最差 普通PU漆／差 普通NC漆
- 柔韧性：最好 水性木器漆／最差 普通PU漆／差 普通NC漆

右侧分支：

- 透明度（清漆）：水性木器漆 清澈透亮／普通PU漆 微黄／普通NC漆 微黄
- 白漆遮盖力：水性木器漆 优／普通PU漆 优／普通NC漆 差
- 手感：水性木器漆 爽滑／普通PU漆 爽滑／普通NC漆 粗糙
- 硬度：水性木器漆 >HB／普通PU漆 >1H／普通NC漆 >HB
- 附着力：水性木器漆 <1级／普通PU漆 <1级／普通NC漆 <1级
- 耐冲击性：水性木器漆 无白点，不断裂／普通PU漆 白痕、断裂／普通NC漆 白痕、断裂
- 打磨性：水性木器漆 易打磨／普通PU漆 打磨性好／普通NC漆 不易打磨

4. 规格和价格

水性木器漆常用包装为0.5～10kg/桶不等，其中2.5kg包装产品价格为200～400元/桶，在施工中可以加清水稀释，但是加水量一般应＜20％。

5. 选购

水性清漆基本闻不出气味，或只有非常轻微的气味。如果经销商或包装说明上指出需要专用稀释剂或酒精类物质稀释，那就一定不是正品（图6-23）。

★ 小贴士

水性木器漆发展趋势

随着经济的发展和环保意识的提高，以及水性木器漆技术的进步，水性木器漆已经成为发展的趋势，但是还有一些不足的方面。首先，水性木器漆的干燥由于受气候特别是湿度影响特别大，许多做水性木器漆儿童家居的生产厂家仍采用原有油性家居的涂料设备，生产效率低，建议生产厂家加强抽湿和烘干设备的投入，提高生产效率；其次，建议针对儿童健康成长方面开发一些具有净化空气环境功能的产品，或者是针对儿童天真好动的性格特点，增强儿童家居水性木器漆的防涂鸦功能。绿色环保已是当今世界的潮流，企业也不能例外，水性木器漆企业显然具备这个得天独厚的先天优势，水性木器漆将会以较快的速度发展，产品结构和品质也会随着市场的需求发生变化。

四、调和漆

1. 定义

传统的调和漆是用纯油作为漆料，之后为了改进它的性能，加入了一部分天然树脂或松香酯作为成膜物质，调和漆源于早期油漆工人对油漆的自行调配，一般用作饰面漆（图6-24）。

2. 应用和规格

调和漆主要用于木质家具、构造的面层涂装，有透明、白色、彩色等多种颜色，适用于小面积施工，或快速施工，包装规格为0.5～5kg/罐。在干燥气候环境下施工，需额外购置稀释剂添加使用。

五、乳胶漆

1. 定义

乳胶漆又称为合成树脂乳液涂料，是有机涂料的一种，乳胶漆干燥速度快，耐碱性好，色彩柔和，漆膜坚硬，颜色附着力强（图6-25）。

2. 分类

乳胶漆根据光泽效果可分为亚光、丝光、有光、高光等类型，此外，还有固底漆与罩面漆等品种。

（1）固底漆。固底漆能有效地封固墙面，耐碱防霉的涂膜能有效地保护墙壁，极强的附着力能有效防止面漆咬底龟裂，适用墙体基层使用。

（2）罩面漆。罩面漆的涂膜光亮如镜，耐老化，极耐污染，内外墙均可使用，污点一洗即净，适用于潮湿空间。

3. 规格和价格

乳胶漆常用包装为3～18kg/桶，其中18kg包装产品价格为150～400元/桶，知名品牌产品还有配套组合套装产品，即配置固底漆与罩面漆，价格为800～1200元/套。乳胶漆的用量一般为12～18m²/L，涂装2遍。

4. 选购

（1）摇晃。将桶提起来摇晃，优质乳胶漆晃动一般听不到声音，容易晃动出声音则证明乳胶漆黏稠度不高。

（2）观察。可以先购买1桶小包装产品，打开包装后观察乳胶漆，优质产品比较黏稠，且细腻润滑。

（3）仔细闻乳胶漆。优质产品有淡淡的清香，而伪劣产品具有泥土味，甚至带有刺鼻气味，或无任何气味。

图6-24 | 图6-25

图6-24 调和漆

调和漆在生产过程中已经经过调和处理，相对于不能开桶即用的混油而言，它不需要现场调配，可直接用于装修施工的涂装。

图6-25 乳胶漆

乳胶漆具有一定的装饰性和保护性，易于涂刷，漆膜耐水性比较好，耐擦洗性好。

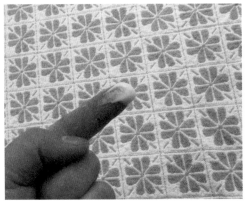

图6-26 挑起乳胶漆

可以用木棍挑起乳胶漆，优质漆液会自然垂落，且能形成均匀的扇面，不会断续或滴落。

图6-27 拿捏黏稠度

取少量漆液，如果漆液能在手指上均匀涂开，能在2分钟内干燥结膜，且结膜有一定的延展性，则该乳胶漆为优质品。

图6-26｜图6-27

（4）用手触摸乳胶漆。优质产品比较黏稠，呈乳白色液体，无硬块，搅拌后呈均匀状态（图6-26、图6-27）。

★ 小贴士

乳胶漆调色注意事项

（1）研究样色。不论是电脑调色还是人工调色，在开始注入色浆之前都需要先研究样色，确定好所需的色浆种类、比例、使用量等。如果无法确定种类、比例等，也可取一小部分乳胶漆进行试配，确定最终所需的色浆及比例等，最后再进行正式的调色。

（2）按照色系调色。特定颜色的乳胶漆可使用与之相同色系的乳胶漆作为基料，也就是常说的色头。例如调配紫红色的乳胶漆，可选用带有红色色头的蓝色色浆，或者使用带有蓝色色头的红色色浆作为基料进行调色，以免降低颜色的明度。

（3）注意色浆的使用数量。调制目标色的时候，使用色浆的种类越少越好，如果仅需两种色浆便可调制成目标色，那么就不要选择其他需要更多色浆才能实现目标色的方法了。因为色浆所需的色浆种类越繁杂，数量越多，越容易降低目标色的明度，使颜色过于灰暗，反而降低美观度了。

第三节　装饰涂料

装饰涂料是除普通涂料以外的小品种产品，常用于具有特色设计风格的环境空间，涂装面积不大，但是能顺应设计风格，给装修带来不同的设计韵味。

一、仿瓷涂料

1. 定义

仿瓷涂料又称为瓷釉涂料，是一种装饰效果类似瓷釉饰面的装饰涂料（图6-28）。

2. 分类

由于主要成膜物的不同，仿瓷涂料可分为溶剂型与水溶型两种。

（1）溶剂型仿瓷涂料。主要成膜物是溶剂型树脂，加入颜料、溶剂、助剂而配制成具有多种颜色且带有瓷釉光泽的涂料。

（2）水溶型仿瓷涂料。主要成膜物为水溶性聚乙烯醇，加入增稠剂、保湿助剂、细填料、增硬剂等制成。

3. 特质

仿瓷涂料因采用刮涂方式施工，涂膜坚硬致密，与基层有一定黏接力，一般情况下不会起鼓、起泡，如果在其上再涂饰适当的罩光剂，耐污染性及其他性能都有提高，但是施工较复杂，属于限制使用产品（图6-29）。

4. 规格和价格

仿瓷涂料常用包装为5～25kg/桶，其中15kg包装的产品价格为60～80元/桶。

二、发光涂料

1. 定义

发光涂料又称为夜光涂料，是能发射荧光特性的涂料，能起到夜间指示作用，主要原料为成膜物质、填充剂、荧光颜料等（图6-30）。

2. 特质和应用

发光涂料具有耐候性、耐光性、耐温性、耐化学稳定性、耐久性、附着力强等优良物化性能。可用于各种基材表面涂装（图6-31）。

3. 分类

发光涂料一般分为蓄发光型与自发光型两种。

（1）蓄发光型涂料。由成膜物质、填充剂、荧光颜料等组成，当荧光颜料（硫化锌）的分子受光照射后被激发并释放能量，夜间或白昼都能发光，明显可见。

（2）自发光型涂料。加有少量放射性元素，当荧光颜料的蓄光消失后，因放射物质放出射线，涂料会继续发光，这类涂料对人体有害。

图6-28 仿瓷涂料

仿瓷涂料主要用于室内墙面施工，涂膜较厚，不耐水，安全性能较差。

图6-29 仿瓷涂料效果

仿瓷涂料饰面外观较类似瓷釉，用手触摸有平滑感，多以白色涂料为主。

图6-30 发光涂料

发光涂料依据发光亮度可以分为高、中、低3种，发光颜色为黄绿、蓝绿、鲜红、橙红、黄、蓝、绿及紫色等。

图6-31 发光涂料应用

发光涂料常用于KTV、酒吧及走道等采光较弱的娱乐空间，装饰效果非常不错。

图6-28	图6-29
图6-30	图6-31

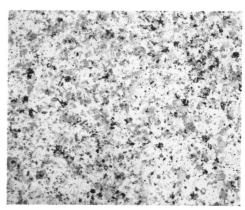

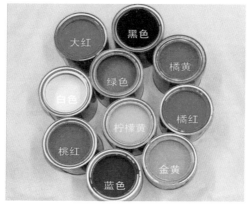

4．规格和价格

发光涂料常用包装为0.1～1kg/罐，其中1kg包装的产品价格为80～120元/罐。

三、绒面涂料

1．定义

绒面涂料又称为仿绒涂料，根据实际经济水平与设计要求不同而选用不同配方的产品，绒面涂料具有耐水洗、耐酸碱、施工方便、装饰效果好等特点（图6-32）。

2．规格、价格和应用

绒面涂料可广泛应用于室内墙面、顶面、家具表面的涂装，能用于木材、混凝土、石膏板、石材、墙纸、灰泥墙壁等不同材质表面施工。绒面涂料常用包装为1～2.5kg/桶，其中1kg包装的产品价格为60～100元/桶，可涂装3～4m²（图6-33）。

四、肌理涂料

1．定义

肌理涂料又称为肌理漆、马来漆、艺术涂料，肌理是指物体表面的组织纹理结构，是呈现物象质感，塑造并渲染形态的重要视觉要素，其装饰效果源于油画肌理（图6-34）。

2．特质

肌理涂料所形成的视觉肌理与触觉肌理效果独特，可逼真表现布格、皮革、纤维、陶瓷砖面、木质表面、金属表面等装饰材料的肌理效果（图6-35）。

3．规格和价格

肌理涂料常用包装规格为5～20kg/桶，其中5kg产品包装价格为100～150元/桶，可涂装20～25m²，高档产品成组包装，附带有光泽剂、压花滚筒、模板等工具。

图6-32 绒面涂料

绒面涂料污染小，成本低，一般采用塑料、木质或镀锌铁皮桶包装。

图6-33 仿瓷涂料效果

绒面涂料涂装之后能给人一种柔和、滑润、华贵、优雅的感觉。

图6-34 肌理涂料

肌理涂料主要用于中西餐厅、专卖店、酒吧、舞厅等商业娱乐空间。

图6-35 肌理涂料效果

肌理涂料能表现出各种纵横交错、高低不平、粗糙平滑的纹理变化。

图6-32	图6-33
图6-34	图6-35

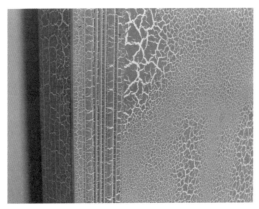

图6-36 | 图6-37 | 图6-38
图6-39

图6-36 裂纹漆

裂纹漆可用于家具、构造局部涂装，或用于各种背景墙局部涂装。

图6-37 裂纹漆效果

裂纹漆涂装后能产生特别的装饰效果，增强室内艺术氛围感。

图6-38 硅藻涂料

硅藻涂料色彩柔和，可以起到净化空气、调节室内湿度以及防火阻燃的作用。

图6-39 硅藻涂料效果

硅藻涂料涂装后具有良好的装饰效果，美观性和色彩度都比较好。

五、裂纹漆

1. 定义

裂纹漆是由硝化棉、颜料、体质颜料、有机溶剂、辅助剂等研磨调制而成的可形成各种颜色的油漆产品，它是在硝基漆的基础上发展而来的新产品，又称为硝基裂纹漆（图6-36）。

2. 特质

裂纹漆具有硝基漆的基本特性，属挥发性自干油漆，无须加固化剂，干燥速度快，喷涂后能产生较高的拉扯强度，形成良好、均匀的裂纹图案，增强涂层表面美观，提高装饰性（图6-37）。

3. 规格和价格

裂纹漆包装规格为5kg/组，其中包括底漆、裂纹面漆等组合产品，价格为200～300元/组，另有底漆与裂纹面漆分开包装的产品单独销售。

六、硅藻涂料

1. 定义

硅藻是生活在数百万年前的一种单细胞的水生浮游类生物，沉积水底后经过亿万年的积累与地质变迁成为硅藻泥，而硅藻涂料则是以硅藻泥为主要原材料，添加多种助剂制作而成的粉末装饰涂料（图6-38）。

2. 应用和施工

硅藻涂料主要用于住宅、酒店客房的墙面涂装，硅藻涂料为粉末装饰涂料，在施工中加水调和使用（图6-39）。

3. 规格和价格

硅藻涂料主要有桶装与袋装两种包装，桶装规格为5～18kg/桶，5kg包装的产品价格为100～150元/桶。袋装价格较低，袋装规格一般为20kg/袋，价格为200～300元/袋，用量约为1kg/m^2。

4. 选购

（1）应注意优质硅藻涂料粉末不吸水，用手拿捏为特别干燥的感觉。

（2）可以在干燥的600ml纯净水塑料瓶内放置约50％容量的硅藻涂料粉末，将香烟烟雾吹入其中而后封闭瓶盖，不断摇晃瓶身，约10分钟后打开瓶盖仔细闻一下，优质产品应该基本没有烟味。

七、真石漆

1. 定义

真石漆又称为石质漆，主要由高分子聚合物、天然彩色砂石及相关助剂制成，干结固化后坚硬如石，看起来像天然花岗岩、大理石一样（图6-40）。

2. 组成

真石漆涂层主要由封底漆、骨料、罩面漆3部分组成（图6-41）。

（1）封底漆。封底漆的作用是在溶剂或水挥发后，其中的聚合物及填料会渗入基层的孔隙中，从而阻塞了基层表面的毛细孔，可以消除基层因水分迁移而引起的泛碱、发花等，同时也增加了真石漆主层与基层的附着力，避免了剥落、松脱现象。

（2）骨料。骨料是天然石材经过粉碎、清洗、筛选等多道工序加工而成，具有很好的耐候性，相互搭配可调整颜色深浅，使涂层的色调富有层次感。

（3）罩面漆。罩面漆主要是为了增强真石漆涂层的防水性、耐污性、耐紫外线照射等性能，也便于日后清洗。

3. 规格和价格

真石漆主要用于室内外各种界面涂装，真石漆常见桶装规格为5～18kg/桶，其中25kg包装的产品价格为100～150元/桶，可涂装15～20m²。

4. 选购

质量较好的真石漆打开桶盖后没有刺鼻气味，上部呈液态，下部为石料，搅拌后能均匀分布，不会快速沉淀，黏稠度较好。喷涂到墙面，完全干燥后不会脱落，吸附性能好（图6-42、图6-43）。

图6-40 真石漆

图6-41 真石漆效果

图6-42 真石漆样本

图6-43 真石漆涂装

图6-40	图6-41
图6-42	图6-43

八、装饰涂料一览表（表6-2）

表6-2　　　　　　　　　　　　装饰涂料一览表

名称	图例	性能特点	用途	价格
仿瓷涂料		涂膜坚硬、致密，与基层有一定黏结力，但涂膜较厚，不耐水，安全性能低	室内墙面铺装	5～25kg/桶，15kg，60～80元/桶
发光涂料		耐候性、耐光性、耐温性、耐化学稳定性、耐久性均十分优越，附着力强	基材表面涂装	0.1～1kg/罐，1kg，80～120元/罐
绒面涂料		耐水洗、耐酸碱，施工方便，装饰效果好	室内家具、墙面、顶面的涂装，以及木材、灰泥墙壁等表面涂装	1～2.5kg/桶，1kg，60～100元/桶
肌理涂料		装饰效果逼真，艺术感强	室内墙面涂装	5～20kg/桶，5kg，100～150元/桶
裂纹漆		干燥速度快，表面美观，装饰性强	家具、构造局部涂装，背景墙局部涂装	5kg/组，200～300元/组
硅藻涂料		环保度高，装饰效果好，净化空气，调节室内湿度，防火、阻燃	住宅、酒店客房的墙面涂装	5～18kg/桶，5kg，100～150元/桶；20kg/袋，200～300元/袋
真石漆		耐候性、防水性、耐污性、耐紫外线照射等性能优越且色调具有层次感	界面涂装	5～18kg/桶，25kg，100～150元/桶

第四节　特殊涂料

特种涂料是用于特殊场合，满足特殊功能的涂料，主要对涂装界面起到保护、封闭的作用。

一、防水涂料

1. 定义

防水涂料是指涂刷在装修构造或建筑表面，经化学反应形成一层薄膜，使被涂装表面与水隔绝，从而起到防水、密封的作用，其涂刷的黏稠液体统称为防水涂料（图6-44）。

2. 分类

（1）堵漏王。堵漏王是指一种高性能的集无机、无碱、防水、防潮、抗裂、抗渗、堵漏于一体的最新高科技产品，能够迅速凝固且密度和强度都极高，适用于防水、带水带压、立刻止漏等工程（图6-45、图6-46）。

（2）聚氨酯防水涂料。聚氨酯防水涂料是多种材料经混合等工序加工制成的单组分聚氨酯防水涂料（图6-47、图6-48）。

1）特质。聚氨酯防水涂料为反应固化型（湿气固化）涂料，具有强度高、延伸率大、耐水性能好等特点，且对基层变形的适应能力强，它与空气中的湿气接触后固化，在基层表面形成一层坚固的无接缝整体防膜。

2）单组分聚氨酯防水涂料有如下优点。高强度，高延伸率，高固含量，黏结力强；延伸性好，能克服基层开裂带来的渗漏，施工方便；常温施工，操作简便，无毒无害，耐候性、耐老化性能优异；克服了双组分聚氨酯防水涂料需计量搅拌的缺点，保证了产品质量稳定和工程的防水效果。

（3）JS防水涂料。JS防水涂料是指聚合物水泥防水涂料，又称JS复合防水涂料，JS防水涂料是一种以聚丙烯酸酯乳液、乙烯-醋酸、乙烯酯共聚乳液等聚合物乳液和水泥、石英砂、轻重质碳酸钙等无机填料及各种添加剂所组成的无机粉料，通过合理配比、复合制成的一种双组分、水性建筑防水涂料（图6-49）。

1）特质。JS防水涂料为绿色环保材料，它不污染环境，性能稳定，耐老化性优良，防水寿命长；使用安全，施工方便，操作简单，可在无明水的潮湿基面直接施工；黏结力强，适用

| 图6-44 | 图6-45 | 图6-46 |
| 图6-47 | 图6-48 | 图6-49 |

图6-44 防水涂料

防水涂料经固化后形成的防水薄膜具有一定的延伸性、弹塑性、抗裂性、抗渗性及耐候性，能起到防水、防渗、保护作用。

图6-45 堵漏王

堵漏王对于厨卫间、地下室、屋面等非伸缩性混凝土或砂浆结构处以及各种穿墙管，套管周边缺陷，阴角位修补有非常卓越的效果，还可对阴角的圆弧处和管道周边的防水进行加强处理。

图6-46 堵漏王施工

堵漏王能在搅拌后一分钟开始凝固，三至四分钟终凝，操作简单，只要加水调和即可使用，无毒、无害、无污染。

图6-47 聚氨酯防水涂料

聚氨酯防水涂料是一种液态施工的单组分环保型防水涂料，以进口聚氨酯预聚体为基本成分，无焦油和沥青等添加剂。

图6-48 单组分聚氨酯防水涂料

单组分聚氨酯防水涂料是以异氰酸酯、聚醚为主要原料，配以各种助剂制成的反应型柔性防水涂料，具有良好的物理性能，黏结力强，常温湿固化。

图6-49 JS防水涂料

JS防水涂料适用于厕浴间、厨房防水，有饰面材料的外墙、斜屋面的防水以及防潮工程的防水等。

图6-50 JS-I型防水涂料

JS-I型防水涂料是水性涂料,无毒、无害、无污染,是环保型涂料,主要用于变形较大的部位如屋面、地下室等区域,可直接在混凝土表面施工并粘接牢固。一般是冷施工,操作方便,基层含水率不受限制,但基层表面不可有积水,凝结时间短,施工2小时后方可进行下一道施工工序。

图6-51 JS-II型防水涂料

JS-II型防水涂料采用了先进工艺聚合而成的高分子多元共聚物,适用于卫生间、浴室、厨房、楼台面、阳台、水池及墙面、木地板防潮及屋面(非暴露)等区域,并且特别适用于大型防水工程。

图6-52 房屋医生

房屋医生属于渗透加成膜防水材料,具有非常好的抗裂防漏的效果,适用于屋顶、平台、露台、天沟、下水管周边等开裂渗漏水处。

图6-53 黑金刚

黑金刚适用于地下室、卫生间、厨房、水池、楼顶防水及车库、高铁、隧道等处,迎水面和背水面均可,是性价比极高的一种防水涂料。

图6-50	图6-51
图6-52	图6-53

于大多数材料;材料弹性好,延伸率可达200%;抗裂性、抗冻性和低温柔性优良;施工性好,不起泡,成膜效果好,固化快;施工简单,刷涂、滚涂、刮抹施工均可。

2)应用、施工。JS防水涂料需要在湿面施工,加入颜料可做成彩色装饰层,无毒、无味,可用于食用水池的防水。

3)分类。JS防水涂料还可分为I型和II型两种,用法有所不同(图6-50、图6-51)。

(4)防水剂。防水剂是一种化学外加剂,加在水泥中,当水泥凝结硬化时,随之体积膨胀,起到补偿收缩和张拉钢筋产生预应力以及充分填充水泥间隙的作用。

1)应用。防水剂用于地下室、卫生间、蓄水池、净化池、隧道、屋顶、屋面、地面、墙壁等防水工程,防水剂需与以上3种防水涂料结合起来使用。

2)房屋医生。房屋医生是一种便于涂刷、黏接力强、成膜后韧性强、低温不硬碎、高温不氧化分解的液体,用于涂刷在混凝土、沥青、油膏、卷材、砖块、石材、灰浆等表面及裂缝处(图6-52)。

3)黑金刚。黑金刚是一种无机物渗透结晶的高端新型材料,保质期长,与建筑物同寿命;施工简单、价格低廉;适用范围极大(图6-53)。

★ 小贴士

防水工程注意事项

(1)楼面防水要注意的是不同区域材料选择不同。刚性防水材料价格比柔性防水材料低,具有涂抹简单、安全方便的特点,但是相对而言效果没有柔性材料好,于是除了室外区域多直接采用刚性防水材料之外,其他地方都是刚柔结合,综合优势,既控制成本又能得到好的效果。

（2）涂抹材料之前首先要做好清理工作，即使楼面上只有一些浮土、碎石，如果没有及时清理掉，在涂抹后表面都有可能起鼓、脱落，影响楼面防水的整体效果。涂抹时最好让基层干燥后再进行二次涂抹，以加强防水效果。根据具体选择材料的不同，需要按照使用说明或者询问专业人士，采取不同的涂抹方式，不能随心所欲地进行，不然会让防水效果大大打折。

（3）防水试验是楼面防水的最后一步，也是最重要的一步，因为在这时如果发现问题，还能及时补救。业主在防水作业结束之后，封闭下水口和门的间隙，保证安全的情况下，在室内蓄水到一定高度，停留一定时间后，丈量高度没有变化，就可以通过检查。

二、防火涂料

1. 定义

防火涂料由基料（成膜物质）、颜料、普通涂料助剂、防火助剂、分散介质等原料组成，是用来提高耐火极限的特种涂料（图6-54、图6-55）。

2. 分类

防火涂料按照涂料的性能可以分为非膨胀型防火涂料与膨胀型防火涂料两大类。

（1）非膨胀型防火涂料。非膨胀型防火涂料的防火隔热原理是防火涂料受火时涂层基本上不发生体积变化，但涂层热导率很低，延滞了热量传向被保基材的速度，防火涂料的涂层本身是不燃的，对钢构件起屏障和防止热辐射作用，避免了火焰和高温直接进攻钢构件。

1）防火原理。涂料中的有些组分遇火相互反应生成不可燃气体的过程就是吸热反应，也消耗了大量的热，有利于降低体系温度，故防火效果显著，对钢材起到高效的防火隔热保护。

2）应用。非膨胀型防火涂料主要用于木材、纤维板等板材的防火，用在木结构屋架、顶棚、门窗等表面。

（2）膨胀型防火涂料。膨胀型防火涂料在受火时涂层不会发生体积变化，表层会形成釉状保护层，它能起隔绝氧气的作用，使氧气不能与被保护的易燃基材接触，从而避免或降低燃烧反应。

1）应用。膨胀型防火涂料主要用于保护电缆、聚乙烯管道、绝缘板，可用于建筑物、电力、电缆的防火。

2）规格和价格。防火涂料常见包装规格为5～20kg/桶，其中20kg包装的产品价格为200～300元/桶，其用量为1m²/kg。

图6-54 防火涂料

防火涂料主要用于可燃性装饰材料、构造表面。

图6-55 防火涂料涂装

涂装防火涂料能降低被涂界面的可燃性，阻滞火灾的迅速蔓延。

图6-54 | 图6-55

3. 施工方法

防火涂料施工方法简单，施工温度一般为5℃以上，施工前将基材表面上的尘土、油污除去干净。涂料必须充分搅拌均匀方能使用，如涂料黏度太大，可加少量的清水稀释，刷涂、滚涂均可，一般3～4遍即可。对木质龙骨、板材进行涂刷时，可在构造安装前涂刷2遍，构造成型后再涂刷1～2遍。

三、防霉涂料

1. 定义

防霉涂料是含有生物毒性药物，能抑制霉菌生长的一种防护涂料，一般由防霉剂、颜色填料及各种添加剂组成（图6-56）。

2. 特质

防霉涂料具有较强的杀菌防霉作用，而且具有较强的防水性，涂覆表面后，无论潮湿还是干燥，涂膜都不会发生脱落现象。

3. 分类

防霉涂料主要用于通风、采光不佳的卫生间、厨房、地下室等空间的潮湿界面涂装，用于木质材料、水泥墙壁等各种界面的防霉；还可应用于适宜霉菌滋长的环境中，能较长时间保持涂膜表面不长霉，具备耐水、耐候性能。

4. 规格和价格

防霉涂料常见包装规格为5～20L/桶，其中20L包装的产品价格为200～300元/桶，其用量和施工方法与普通乳胶漆一致，只是注意应在干燥的环境下施工。

四、防锈涂料

1. 定义

防锈涂料是指保护金属表面免受大气、水等物质腐蚀的涂料（图6-57、图6-58）。

2. 特质

防锈涂料主要用于金属材料的底层涂装，如各种型钢、隔墙、楼板等构件，涂装后表面可再作其他装饰。

3. 规格和价格

（1）传统防锈涂料。传统防锈涂料为醇酸漆，价格低廉，常用包装为0.5～10kg/桶，其中3kg包装产品价格为50～60元/桶，需要额外购置稀释剂调和使用。

图6-56 ｜ 图6-57 ｜ 图6-58

图6-56 防霉涂料

防霉涂料中的防霉剂是防霉涂料防霉的关键，防霉剂对霉菌、细菌、酵母菌等微生物有广泛、持久、高效的杀菌与抑制能力。

图6-57 防锈涂料

防锈涂料可以分为油性金属防锈漆、水性金属防锈漆及防锈颜料，具有水溶性和不可燃性，对环境无污染，使用较安全。

图6-58 防锈涂料涂刷

在金属表面涂上防锈涂料能够有效避免大气中各种腐蚀性物质的直接入侵，从而最大化地延长金属使用期限。

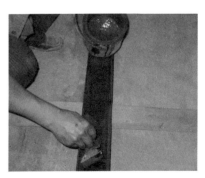

图6-59 地坪涂料

使用率较高的是环氧树脂地坪涂料，主要用于装修前的地面涂装，涂装后可在表面作各种施工，如铺装地砖、铺设地板等。

图6-60 地坪涂料涂装

地坪涂料涂装前基面要求平整、清洁、干燥、牢固，新做水泥地面或者新近用水泥修补的地面至少要养护30天左右，对于可能反潮的地面和不同的场合，应预先作断水和防水处理。

图6-59 │ 图6-60

（2）现代防锈涂料。现代防锈涂料多用套装产品，1组包装内包括漆2kg、固化剂1kg、稀释剂2kg 3种包装，价格为200～300元/组，每组可涂刷12～20m²。防锈涂料的选购、施工方法与厚漆基本一致。

五、地坪涂料

1. 定义

地坪涂料的主要成膜物质为油脂或树脂，次要成膜物质为各种颜料、挥发性溶剂，具有较好的耐碱性、耐水性、耐候性，能常温成膜（图6-59）。

2. 应用、特质

地坪涂料是适用于混凝土、水泥砂浆地面涂装的特殊涂料，主要起到保护地面坚固、耐久，防止地面粉化的作用，具有一定的防潮、防水、隔声功能（图6-60）。

3. 规格和价格

地坪涂料常用包装为5～20kg/桶，使用时还需另购5kg包装的固化剂调和使用，其中20kg＋5kg包装产品价格为500～600元/套，可涂刷80～100m²的地面。

★ **小贴士**

地坪涂料施工现场要求

（1）结构混凝土须有C20以上强度，表面平整无起砂现象，浇注后养护期达到28天，表面平整度要求2m，靠尺测量≤3mm。

（2）混凝土地坪含水率低于8%，空气湿度小于80%，施工温度在20～25℃最合适，低于5℃以下须延期施工。

（3）建筑厂房首层混凝土结构层下需做防潮处理，避免首层环氧地坪受水气影响，发生起泡、脱层现象。

（4）所施工区域应密闭并禁止无关人员进入，严禁交叉施工。空气洁净度符合一般洁净要求。

（5）施工材料应摆放在阴凉密闭处，摆放区域设明显标志，严禁近距离明火操作，材料摆放区配备灭火安全设施，材料设专人负责保管，工地现场安全监督员负责监督。

第五节　油漆涂料施工

一、填料施工

填料的施工比较简单，一般打开填料包装后，直接加水进行调和即可使用。

1．施工方法

首先，准备用于调和、搅拌填料的容器，打开包装后将填料倒入容器内。然后，按使用说明加入适量的水与添加剂。接着，搅拌均匀，并盖上容器放置10~20分钟。最后，再次搅拌即可直接涂刮在施工界面上（图6-61）。

2．施工要点

（1）石膏粉。石膏粉直接加入适量的水拌制成的石膏浆也可以作为油漆的底层，能直接涂刷乳胶漆或铺装壁纸。

（2）腻子粉。腻子粉施工基层应坚实、干净、基本平整、无明水，基层强度应大于或接近腻子的强度。一般产品按腻子粉：水＝1：0.5的比例搅拌均匀，静置15分钟再次搅拌均匀即可使用。腻子干后要用240号砂纸进行打磨，尽快涂刷涂料或粘贴壁纸，不同品牌的腻子粉不宜在同一施工界面上使用，以免引起化学反应或色差（图6-62、图6-63）。

（3）原子灰。原子灰施工时的注意事项，从基层表面清理到刮涂时间及刮涂用量等都需多加注意。

1）基层清理。被涂刮的表面必须清除油污、锈蚀、旧漆膜、水渍，需确认其干透并经过打磨平整才能进行施工。

2）用量调配。将原子灰与固化剂的比例按100：1.5~3（重量计）调配均匀，与涂装界面的色泽应一致，并在凝胶时间内用完，一般原子灰的凝胶时间为10分钟，气温越低固化剂用量越多。

3）涂刮注意事项。用刮刀将调好的原子灰涂刮在打磨后的家具、构造表面上，如需厚层涂刮，一般应多分几次薄刮至所需厚度，涂刮时若有气泡渗入，必须用刮刀彻底刮平，以确保有良好的附着力，一般刮原子灰后0.5~1小时为最佳水磨时间，2~3小时为最佳干磨时间，待完全干透后才能进行涂装油漆。

4）后期处理。刮原子灰后，将打磨好的表面清除灰尘，即可进行各种油漆涂料施工。用完后立即加盖密封，使用过的原子灰不能装入原容器中。

二、常规油漆涂料施工

常规油漆涂料的施工方法比较接近，但仍然要根据产品的包装说明来执行。

图6-61 | 图6-62 | 图6-63

图6-61 墙面填料涂刮示意图
墙面填料涂刮示意图很明确地呈现了填料涂刮的顺序和用量，施工时可以以此作为参考。

图6-62 腻子粉满刮墙面
腻子粉满刮墙面时，对于吸水性强的基层应先用清水润湿或喷刷建筑胶水进行封底处理，黏稠度以适合施工为宜，新抹灰的水泥墙应在养护期后再刮腻子。

图6-63 腻子粉批刮边角
可用钢刮板或抹刀按常规批刮，刮涂次数不可过多，通常批刮两次，第2次刮涂在上层干透情况下方可施工。批刮厚度1~1.5mm，平均用量1~1.5kg/m²，一般2遍即可。

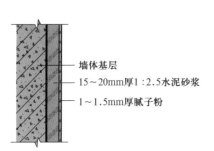

墙体基层
15~20mm厚1：2.5水泥砂浆
1~1.5mm厚腻子粉

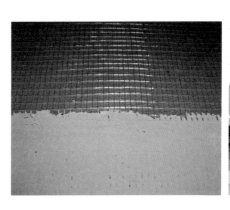

1. 施工方法

首先，清理材料表面的灰尘与污物；然后，用0号砂纸将涂刷表面磨光，涂刷保护底漆，一般底漆也是面漆；接着，待干透后用经过调配的填料将钉眼、树疤等凸凹面掩饰掉，以求界面颜色统一，干透后用360号砂纸磨光，整体涂刷一遍油漆涂料。再次打磨后继续涂刷油漆涂料，涂刷遍数与具体工艺根据不同品种制定，直至达到施工要求；最后，待干后用干净的抹布将表面粉尘擦除即可。

2. 施工要点

（1）清漆。清漆一般涂刷在木质家具、构造表面，共需要4~6遍才会有较为平整、优质的效果，但一般应不大于8遍，只是清漆底层涂刷应在乳胶漆施工之前进行（图6-64）。

（2）厚漆。厚漆一般施工为刷涂，其效果一般，会在漆膜上有刷痕，中高级工艺都以喷漆或擦漆为主，对板材饰面的要求不是很高，也可以用于纤维板表面，擦漆为高级工艺，是用脱脂棉包上纱布，蘸上稀释好的厚漆，在木器表面缓慢涂擦，一般涂擦3遍才能达到良好效果，但是涂装一般应不大于3遍（图6-65~图6-77）。

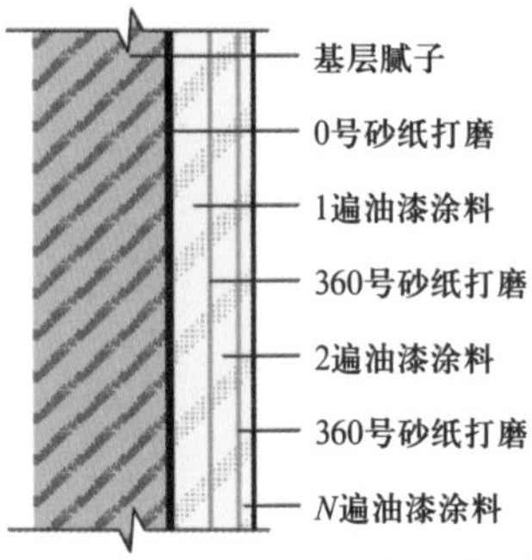

图6-64 常规油漆涂料涂装结构示意图

此图很清楚地展现了涂料施工的工序和所需材料，在施工时可作为参考，必要时可做些许改变。

基层腻子
0号砂纸打磨
1遍油漆涂料
360号砂纸打磨
2遍油漆涂料
360号砂纸打磨
N遍油漆涂料

图6-65 清扫表面灰尘

图6-66 用刀刮去转角的木质毛刺纤维

图6-67 调配修补腻子灰膏的色彩

图6-68 用腻子灰膏填补钉头凹坑处

图6-69 刷漆前用砂纸打磨涂饰表面

图6-70 边刷边调配稀释剂

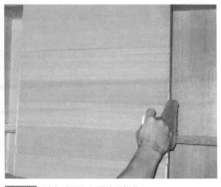

图6-71 刷漆时顺应木质纹理操作

图6-72 侧面应换用小型板刷

图6-73 混油涂刷根据结构或顺应木纹

图6-74 打开包装检查油漆密封状况

图6-75 使用灰膏腻子修补钉头凹陷处

图6-76 干燥后根据质量与厚度来打磨

图6-77 涂刷后注意清洁

★ 小贴士

油漆施工对环境要求很高

（1）必须保持干燥。潮湿气候不利于油漆干燥，甚至基层填料都没有干燥就直接刷漆，会导致起皮开裂，因此不能在潮湿环境或阴雨天气施工。

（2）必须保持干净。施工现场不能有灰尘，施工期要对地面进行吸尘、清扫，高层建筑要紧闭门窗，否则灰尘粘落在油漆表面会造成没有光泽，凸凹不平。

（3）硝基漆。硝基漆使用前应将漆搅匀并过滤，如有漆粒或杂质，必须进行过滤清除，可以加入稀释剂降低硝基漆的黏稠度，以喷涂为主。如果施工空气湿度大，漆膜易出现发白现象，应加入硝基防潮剂调整硝基漆的黏稠度，施工时间以10分钟左右为宜，用量为8~10m²/kg，一般应涂装6~8遍（图6-78~图6-83）。

图6-78 用旧报纸封闭不需要涂刷部分

图6-79 调配硝基漆后静置10分钟

图6-80 匀速喷涂硝基漆

图6-81 干燥后用灰膏腻子修补钉头

图6-82 硝基漆干燥后要用砂纸打磨

图6-83 硝基漆干后放在通风位置

图6-84 水性木器漆涂刷

水性木器漆一般涂装3~4遍即可达到良好的效果，要求高丰满度时涂装道数还应增加，每遍之间不仅要进行打磨，还应适当延长干燥时间，达4小时以上为佳。

（4）水性木器漆。水性木器漆的施工温度为10~30℃，相对湿度为50%~80%，过高或过低的温度、湿度都会导致涂装效果不良（图6-84）。

1）施工环境。水性木器漆与待涂面的温度应一致，不能在冷木材上涂漆，水性漆可在阳光下施工与干燥，但是要避免在热表面上涂漆。

2）垂直面涂装。在垂直面上涂装时，应加5%~20%的清水稀释后喷涂或刷涂，应薄层多道施工，以免流挂。

3）后期处理。水性木器漆施工后通常干燥7天才能达到最终强度。

（5）乳胶漆。乳胶漆涂装基础界面颜色应一致，不允许有透地、漏刷、掉粉、皮碱、起皮、咬色等缺陷，一般涂刷两遍，乳胶漆的施工方法主要有刷涂、滚涂、喷涂（图6-85~图6-93）。

1）刷涂。刷涂主要采用羊毛刷施工，优点是刷痕均匀，缺点是容易掉毛，而且效率低下。

2）滚涂。滚涂比较节省材料，但是对边角地区的涂刷不到位，容易产生滚痕，影响美观。

3）喷涂。喷涂分为有气喷涂与无气喷涂两种方式，主要是借助喷涂机来完成施工，优点是施工效率高，漆膜平滑，缺点是雾化严重，比较浪费乳胶漆，使用喷枪喷涂时，喷点疏密均匀，不允许有连皮现象，不允许有流坠，手触摸漆膜应光滑、不掉粉，保持门窗及灯具、家具等洁净，无涂料痕迹。

图6-85 施工前用防裂带粘贴各板材接缝

图6-86 用成品腻子粉刮墙

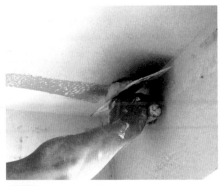

图6-87 刮墙时力度要均匀

图6-88 满刮腻子后等待完全干燥

图6-89 砂纸打磨时需用高强度灯光照明

图6-90 施工前分桶调色

图6-91 涂刷至隐蔽墙角待干后观察颜色

图6-92 涂刷时力度要均衡

图6-93 顶面施工时将滚筒摩擦一遍后施工

图6-94 硅藻涂料搅拌

图6-95 搅拌完成的硅藻泥

图6-96 硅藻泥涂刷

（6）硅藻涂料。涂装基层清洁后应对基层涂刷2遍腻子，施工过程中避免强风直吹及阳光直接曝晒，以自然干燥为宜（图6-94～图6-96）。

1）搅拌。按使用说明配置硅藻涂料干粉，加水浸泡5分钟后用电动搅拌机搅拌约10分钟，搅拌时可加入约10%的清水调节黏稠度，使其成为泥性涂料，只有充分搅拌均匀后方可使用。

2）滚涂工序。滚涂搅拌好的硅藻涂料2遍，第1遍厚度为1mm左右，完成后待干，约1小时左右，以表面不粘手为宜，滚涂第2遍，厚度为1.5mm，总厚度为2～3mm。

3）后期处理。干燥后采用刮板、滚筒、模板等工具制作肌理图案，这要根据实际环境与干燥情况来掌握施工时间，最后用收光抹子沿图案纹路压实收光，也可以根据需要涂刷1层固化漆。

（7）真石漆。真石漆一般采用喷涂工艺施工，施工时温度应不低于10℃。

1）喷涂工序。喷涂2遍，每遍间隔2小时，厚度约0.5mm，常温干燥12小时。喷涂真石漆应采用专用喷枪，喷涂厚度为2~3mm，如需涂抹2~3遍，则间隔2小时，干燥24小时后可打磨（图6-97、图6-98）。

2）打磨。打磨采用360号砂纸，轻轻抹平表面凸起的砂粒即可，用力不可太大，避免破坏漆膜而引起脱落（图6-99）。

3）后期处理。最后喷涂罩面漆2遍，每遍间隔2小时，厚度约0.5mm，完全干燥需7天。

（8）防水涂料。防水涂料施工时要注意涂刷基层应处理平整、干净，保证无灰尘、油腻、蜡、脱模剂等及其他碎屑物质（图6-100~图6-104）。

1）基层处理。如果基层有孔隙、裂缝、不平等缺陷，须用水泥砂浆修补抹平，伸缩缝与节点应粘贴防裂纤维网，阴阳角处应抹成圆弧形，要确保基层充分湿润，但无明水。

2）调配。将防水涂料倒入容器后，根据使用说明加入配套粉料或水泥粉，同时充分搅拌5分钟至均匀浆料状。

3）施工工序。同时将基层界面洒水润湿，开始涂刷防水涂料，用毛刷或滚刷直接涂刷在基面上，力度使用均匀，不可漏刷，一般需涂刷2遍，每次涂刷厚度为1~2mm，2遍之间应间隔24小时，前后垂直十字交叉涂刷，涂刷总厚度一般为3~4mm。

4）后期处理。施工24小时后用湿布覆盖涂层或喷雾洒水对涂层进行养护，完全干固前应禁止踩踏、雨水、暴晒、尖锐损伤等，最后还应进行闭水试验，待防水层干固48小时后，储满水48小时，检查防水施工是否合格，轻质墙体须做淋水试验。

图6-97	图6-98	图6-99
	图6-100	图6-101

图6-97 喷涂真石漆最好采用无漆喷涂机

图6-98 喷涂速度要均匀

图6-99 打磨

真石漆施工后要等待墙壁完全干燥后再打磨，以保证工程的完整性。

图6-100 防水涂料调和

图6-101 涂刷防水涂料

图6-102 ┆ 图6-103 ┆ 图6-104

图6-102 墙角、构造处需多次涂刷

图6-103 供水管道需多次涂刷

图6-104 闭水检验

本章小结：

近年来，人们已逐步摈弃豪华的装饰材料，转而崇尚自然、朴实的风格，着重装饰的文化内涵，希望进一步获得深层次的情感关爱。各式各样的装饰涂料展现出与众不同的个性特点，显示出独具风采的艺术风格和魅力。装饰涂料无论在何种位置使用，色彩及功能的合理运用都是最重要的，这样能够将装饰涂料自身的装饰效果及性能真正展示。

第七章

胶凝材料

识读难度： ★★★☆☆

核心概念： 水泥、混凝土、水泥与混凝土施工、胶凝材料、胶凝材料施工

章节导读： 胶凝材料主要用于装饰材料之间的相互黏接，能起到提高施工效率，降低施工成本的作用，此外，它还能用于填充装修构造的缝隙，起到一定的密封、防尘、防水作用。但是需要注意的是，胶凝材料应专材专用，一般选用原则是胶凝材料的分子结构应低于装饰材料的分子结构，且胶凝材料应具有一定的持续性与耐候性。

第一节　水泥与混凝土

水泥是一种粉状水硬性无机胶凝材料，加水搅拌成浆体后能在空气或水中硬化，用来胶结砂、石等散粒材料形成砂浆或混凝土，适用于粘接各种墙体砌筑，墙地面铺装，浇筑各种梁、柱等实体构造。

一、普通水泥

1. 定义

普通水泥是由硅酸盐水泥熟料、石膏、10%～15%混合材料等磨细制成的水硬性胶凝材料，又称为普通硅酸盐水泥（图7-1、图7-2）。

2. 调配比例

（1）砌筑砖墙比例。在装修基础工程中，如砌筑墙体，浇筑梁、柱等都要用到水泥，在使用中要按照要求来搭配砂的比例，如砌筑砖墙可以选用1：2.5～1：3的水泥砂浆（体积比），即水泥为1，砂为2.5～3。

（2）墙面抹灰比例。墙面找平、抹灰，可以选用1：2～1：2.5的水泥砂浆。

（3）墙面瓷砖铺贴比例。墙面瓷砖铺贴，可以选用1：1的水泥砂浆或素水泥。

3. 规格和价格

普通硅酸盐水泥采用编织袋或牛皮纸袋包装，包装规格为25kg/袋，32.5号水泥的价格为20～25元/袋。

4. 选购

（1）打开包装观察水泥颜色，正常颜色应呈蓝灰色，颜色过深或有变化有可能是其他杂质过多（图7-3）。

（2）查看生产日期，水泥生产30天后强度就会下降，储存3个月后的水泥强度会下降15%～25%，1年后降低30%以上（图7-4）。

图7-1 ｜ 图7-2
图7-3 ｜ 图7-4

图7-1 普通水泥

普通水泥中含有的硅酸盐水泥熟料是以石灰石与黏土为主要原料，经破碎、配料、磨细制成生料，最后置入水泥窑中煅烧而成的。

图7-2 素水泥浆凝固

素水泥凝固需要一定的时间，一般是12个小时，凝固后还需要对水泥进行浇水养护，以防水泥开裂。

图7-3 水泥粉末手感

用手握捏水泥粉末应有冰凉感，粉末较重且比较细腻，不应有各种不规则杂质或结块形态。

图7-4 水泥存放

水泥一般需存放于干燥的室内环境中，整齐摆放，可以在水泥上方覆盖一层无纺布，防尘又防水。

二、白水泥

1. 定义

白水泥全称为白色硅酸盐水泥，是将适当成分的水泥生料烧至部分熔融，加入以硅酸钙为主要成分且铁质含量少的熟料，并掺入适量的石膏，磨细制成的白色水硬性胶凝材料（图7-5）。

2. 性质和应用

由于白水泥强度不高，多为装饰性用，主要用来填补墙地砖、石材的缝隙，一般不用于独立砌筑墙体或构造。

3. 规格和价格

白水泥传统包装规格为50kg/袋，但是现代装修用量不大，包装规格与价格也不一，一般为2.5～10kg/袋，2～3元/kg，掺有特殊添加剂的白水泥会达到5元/kg。

4. 选购

白水泥的选购要点与普通水泥相同，只是要特别注意包装的密封性，不能受潮或混入杂物，不同标号与白度的水泥应分别储运，不能混杂使用（图7-6、图7-7）。

三、砌筑砂浆

砌筑砂浆主要用于墙体、基础构造砌筑，常用砌筑砂浆有以下3种。

1. 水泥砂浆

水泥砂浆运用最频繁，是主要的墙体砌筑粘接材料，一般颜色呈深灰色，用于墙体砌筑的水泥砂浆，其中水泥与砂的体积比多为1:3（图7-8、图7-9）。

2. 石灰砂浆

（1）石灰砂浆。石灰砂浆是由石灰膏与砂按比例搅拌，添加一定外加剂而成的砂浆，一般颜色呈灰白色，完全靠石灰的气硬而获得强度，石灰砂浆虽然早期硬度低，但是完全干燥后也很坚硬（图7-10）。

图7-5 白水泥

白水泥拥有比较高的白度，色泽比较明亮，一般用于各种建筑材料制作，也可作为装饰水泥存在。

图7-6 白水泥嵌缝

白色是中性色，具有很好的调节作用，使用白水泥嵌缝可以搭配各种色彩的鹅卵石，搭配出不错的视觉效果。

图7-7 白水泥存放

存放白水泥的区域建议隔绝空气通道，防止水汽入侵，可以在白水泥表面搭上一层遮雨布，建议白水泥底部放2层木板。

图7-8 水泥砂浆调和

水泥砂浆在使用时，经常要掺入一些添加剂，如微沫剂、防水剂等，以改善它的和易性与黏稠度。

图7-9 水泥砂浆抹灰

水泥砂浆抹灰时需要根据实际所需调配，以免水泥砂浆提前干固，影响最终施工效果。

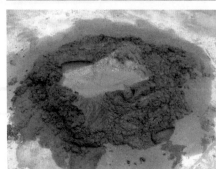

图7-5	图7-6	图7-7
	图7-8	图7-9

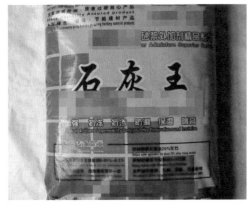

图7-10 石灰砂浆外加剂

石灰砂浆一般多用于庭院与周边的辅助用房装修，如工具间等，比较适合潮湿环境，强度相对水泥砂浆较弱，其中石灰与砂的体积比多为1:3。

图7-11 多功能混合砂浆外加剂

混合砂浆中由于加入了石灰，改善了传统砂浆的和易性，有利于提高砌体密实度与工作效率。

图7-12 普通混凝土

普通混凝土具有原料丰富、价格低廉、抗压强度高、耐久性好、强度范围广、生产工艺简单等特点，使用量较大。

图7-13 普通混凝土浇筑楼梯

混凝土浇筑楼梯要先振实底板混凝土，再一起浇捣踏步混凝土，一般是自下而上浇筑，并不断连续向上推进，随时用木抹子将踏步上表面抹平。

图7-10	图7-11
图7-12	图7-13

（2）混合砂浆。混合砂浆一般由水泥、石灰、砂拌和而成，此外还根据需要增加了粉煤灰、石粉、滑石粉、钙粉、红土粉等外加剂，颜色呈中灰色，一般用于地面以上的砌体（图7-11）。

（3）性能和价格。常见砂浆集料的特点在于在水泥中增加了各种添加剂，如缩短水泥的干燥时间，提高性能，增加强度、耐盐碱、抗裂性能等，适用于严寒、湿热地区或季节。成品包装规格为25kg/袋，价格比同规格包装的普通水泥高20%～50%。

四、混凝土

1. 定义

混凝土是由胶凝材料（如水泥）、水、骨料等按适当比例配制，经混合、搅拌、硬化而成的一种人工石材，简称砼。

2. 分类

（1）普通混凝土。普通混凝土是指用水泥作胶凝材料，砂、石作集料，与水、外加剂等按一定比例配合，经搅拌、成型、养护而成的水泥混凝土（图7-12）。

1）应用。普通混凝土主要用于浇筑装修空间中增加的地面、楼板、梁柱、楼梯等，也可以用于成品墙板或粗糙墙面找平，在户外用于浇筑各种小品、景观、构造等物件（图7-13）。

2）价格。普通混凝土的施工成本较高，以室内浇筑架空楼板为例，配合钢筋、模板等施工费用，一般为800～1000元/m²。

图7-14 装饰混凝土着色

装饰混凝土既可以在混凝土中掺入适量的颜料或采用彩色水泥，使整个混凝土结构具有色彩，又可以只将混凝土的表面部分做成彩色的，使其具备良好的装饰效果。

图7-15 着色剂

着色剂可以使混凝土展现出所需要的色彩，可以使施工效果更具有装饰性。

图7-14 │ 图7-15

（2）装饰混凝土。装饰混凝土是通过使用特种水泥、颜料或选择颜色骨料，在一定的工艺条件下制得的混凝土（图7-14、图7-15）。

装饰混凝土能在原本普通的新旧混凝土表层，通过色彩、色调、质感、款式、纹理、机理与不规则线条的创意设计，对图案与颜色进行有机组合，创造出各种天然大理石、花岗岩、砖、瓦、木地板等天然石材铺设效果，具有美观自然、色彩真实、质地坚固等特点。

第二节　水泥与混凝土施工

一、水泥砂浆抹灰施工

墙地面抹灰是将砂浆用抹子抹到墙地面上，所用的砂浆主要是水泥砂浆或是混合砂浆。

1. 施工方法

首先，将基层表面的灰尘、污垢、油渍等清除干净，用水冲洗界面，光滑的混凝土基层应表面凿毛，同时调配砂浆。在基层面上部拉水平线，依据灰层的厚度抹灰饼，灰饼与标筋均用1：3水泥砂浆固定，标筋的宽度为50mm。接着，采用1：3水泥砂浆进行底层与中层抹灰，养护待干。最后，采用1：2.5的水泥砂浆进行面层抹灰，抹灰前应对中间层洒水湿润，抹灰24小时后应浇水养护7天（图7-16～图7-21）。

图7-16 清理抹灰墙面

图7-17 水泥砂浆调和均匀

图7-18 干湿度根据现场气候决定

图7-19 抹灰力度要均匀

图7-20 每一层抹灰后检查平整度

图7-21 完工后放线定位便于后期施工

图7-16 │ 图7-17 │ 图7-18
图7-19 │ 图7-20 │ 图7-21

水泥砂浆的用途

水泥砂浆在装修中是必不可少的辅助材料，它是通过用水泥加砂加水，通过一定比例来调配而成的，不同区域所用的水泥砂浆配比是不同的。用在沟、井砌筑方面的水泥砂浆，其强度为M7.5，大概是通过1：6.3：1.35的比例来调配的，也就是用一份的水泥加6.3份的河砂及1.35份的水混合后搅拌而来的，这种强度才能固定好沟、井位置；用于毛石、挡墙砌筑，其强度是M10，水泥砂浆的配比是1：5.27：1.13，也就是选择重量为1的水泥加上重量为5.27的河砂，再加上重量为1.13的水来混合调配的。

2. 施工要点

（1）墙体抹灰一般分为底层、中层、面层3层，施工时按照工序施工即可（图7-22）。

1）底层。底层主要与基层（墙体）粘接，同时还具有找平作用，厚度为5～10mm。

2）中层。中层主要起找平作用和承前启后的结合作用，所用材料同底层，厚度为7～8mm。

3）面层。面层主要起装饰作用，要求表面平整、色泽均匀、无裂纹，厚度左右为5mm。

（2）如果墙面需要粘贴外墙砖，则应将面层抹灰槎毛，水泥砂浆用量较大时应采用搅拌机加工，搅拌时间应＞5分钟。

（3）掺用外加剂时，应先将外加剂按规定浓度溶于水中，加水时投入外加剂溶液，外加剂不得直接投入拌制的砂浆中。

（4）砂浆应随拌随用，水泥砂浆与水泥混合砂浆必须分别在拌成后2小时内使用完毕。

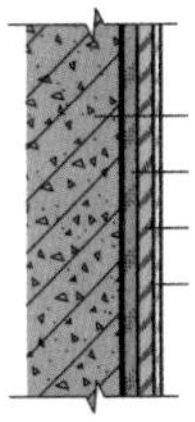

内墙抹灰施工注意事项

（1）抹灰前应对墙体的基层进行处理。将水电管道洞槽用1：3水泥砂装或C15细石混凝土填充密实；门窗框连接脚头与墙体之间的缝隙、混凝土表面凸出部分剔平及疏松部分剔除等用1：3水泥砂浆分层补平。抹灰总厚度不得大于25mm。

（2）不同材料基体交接处表面抹灰：为防止开裂，底部要放置加强网，每边不少于100mm，加强网应绷紧、钉牢。注意后砌墙施工要先清除接槎处的灰浆，浇水湿润后填筑，抹灰时，接槎部分钉钢丝网。

（3）门窗洞口、柱的阳角做法：采用1：2水泥砂浆做暗护角，其高度不应低于2m，每侧宽度不应小于50mm。

（4）抹灰前混凝土表面凿毛洒水湿润后涂刷1：1水泥砂浆，陶粒砌块墙面湿润后，边刷界面剂边抹灰。

（5）抹灰分格缝的宽度和深度应均匀，表面应光滑，棱角应整齐，有排水要求部位应做滴水线（槽）。

（6）水泥砂浆在使用时，还要经常掺入一些添加剂，如微沫剂、防水粉等，以改善它的和易性与黏稠度。

二、混凝土浇筑施工

混凝土浇筑包括筑模、绑扎钢筋、浇筑混凝土、养护等工序，制成的楼板、立柱、墙体等

墙体基层
5～10mm厚1：3水泥砂浆
7～8mm厚1：3水泥砂浆
5mm厚1：2.5水泥砂浆

图7-22 水泥砂浆抹灰构造

根据水泥砂浆抹灰构造示意图可以很清楚地知道每一层水泥抹灰的配比量，施工时根据此示意图配比即可。

承重构造，整体性好，隔声性好，抗震能力强（图7-23）。

1. 施工方法

首先，核对浇筑尺寸，根据设计要求进行配筋，构成钢筋骨架，同时将基层表面的灰尘、污垢、油渍等清除干净，用水冲洗界面。然后，安装浇筑模板，在模板上绑扎好钢筋，竖立两边侧模，并对模板涂刷脱模剂。接着，配置混凝土并进行浇筑，同时进行振捣密实，不能留置施工缝。最后，对混凝土进行覆盖养护7天，拆除模板（图7-24）。

2. 施工要点

绑扎钢筋时，应先在模板上弹出钢筋位置线，将受力钢筋摆在位置线上，再将分布筋绑扎在受力钢筋上。钢筋绑扎后要在钢筋网片下垫放15~20mm厚的垫块，混凝土配置搅拌后要在2小时内浇筑使用，浇筑梁、柱、板时，初凝时间为8~12小时。浇筑混凝土需要隔天施工时，应先用水泥素浆或与所用混凝土相同的水泥砂浆作为接合层，然后再浇筑混凝土（图7-25、图7-26）。

捣实混凝土时多采用振动棒或平板振动器，应使混凝土达到表面平整密实，混凝土浇筑后要注意养护，保证或加速混凝土的正常硬化。

第三节　胶凝材料

胶黏剂又称为胶水，它能快速粘接各种装饰材料，相对于钉子、螺栓等固件连接而言，胶凝材料具有成本低廉、施工快速、操作方便等优势，以往只用于木材、塑料、壁纸等轻质材料，现在逐渐覆盖整个装修领域。

图7-23 混凝土浇筑

使用混凝土浇筑时，注意混凝土的自由高度不宜超过2m，浇筑所用的水泥、砂、石及外加剂等必须经过检验合格才能使用，以确保建筑体的稳定性。

图7-24 混凝土浇筑构造

根据混凝土浇筑构造示意图可以看出混凝土浇筑施工时的具体工序，施工时按照配比和工序施工即可。

图7-25 钢筋编扎

钢筋编扎上下交错，钢筋层应当位于混凝土中央，不能位于混凝土层上部或下部。在裸露的钢筋端头应涂抹聚氨酯胶，防止钢筋与混凝土之间产生开裂。

图7-26 楼板浇筑构造

在楼梯洞口制作框架模板，尺寸精确，钢筋网架布局均衡，疏密一致。

图7-23 图7-24
图7-25 图7-26

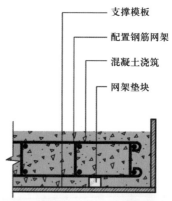

支撑模板
配置钢筋网架
混凝土浇筑
网架垫块

图7-27 瓷砖胶

瓷砖胶粘结强度高，耐冻融，且耐老化性能好，多用于浴室、厨房等区域的墙、地面铺贴。

图7-28 瓷砖铺装

使用瓷砖胶粘贴墙面砖，在砖材固定5分钟内仍能旋转90°，而不会影响最后的粘接强度。

图7-29 AB型干挂胶

AB型干挂胶的强度较高，可在混凝土、钢材、玻璃、木材等材料表面粘贴石材或瓷砖。

图7-30 AB型干挂胶应用

AB型干挂胶采用点胶的铺装方式不适合地面铺装，因为砖材与地面基层之间存在缝隙，受到压力容易破裂。

图7-31 云石胶

云石胶的硬度、韧性、固化速度、抛光性及耐腐蚀性能都十分不错，施工效果好。

图7-27	图7-28	图7-29
图7-30	图7-31	

一、石材与瓷砖胶黏剂

1. 瓷砖胶

（1）定义。瓷砖胶是以水泥为基材，采用聚合物材料等混合而成的一种白色或灰色粉末胶黏剂，可以取代传统水泥砂浆粘贴各种石材与陶瓷墙地砖（图7-27）。

（2）特质。瓷砖胶在使用时只需加水即能获得黏稠的胶浆，它具有耐水、耐久性，操作方便，价格低廉等特点（图7-28）。

（3）应用和价格。瓷砖胶适用于局部墙面粘贴石材、瓷砖等块材。由于瓷砖胶采用单组分包装，粘接强度不及AB型干挂胶，一般适用于粘贴自重不大的块材，如中等密度陶瓷砖或厚度不大于15mm的天然石材，粘贴高度应小于3m。瓷砖胶的包装规格一般为20kg/袋，价格为60～80元/袋，每袋粘贴面积一般为4～5m²。

2. AB型干挂胶

（1）定义。AB型干挂胶是一种双组分的胶黏剂，即分为A、B两种包装，使用时将两者混合使用，具有耐水、耐气候以及耐多种化学物质侵蚀等特点（图7-29）。

（2）特质和施工。AB型干挂胶具有很高的粘接强度，价格也更高，在使用时多采用点胶的方式铺装石材、瓷砖，即在铺装材料的背后与铺装界面上局部点涂AB型干挂胶。施工时要将A、B两种胶黏剂预先调和，两种胶黏剂混合均匀，然后装在打胶器上，最后将胶黏剂涂到需要粘接的部位。

（3）应用。AB型干挂胶适用于在潮湿墙面上铺装石材、砖材，尤其在家具、构造上局部铺装石材、瓷砖，铺装效率要比瓷砖胶更高，1名熟练施工员可铺装25m²/天（图7-30）。

（4）规格和价格。AB型干挂胶的包装规格一般为2桶，A、B各1桶，5kg/桶，价格为100～200元/组，每组粘贴面积一般为4～5m²。

3. 云石胶

（1）定义。云石胶由环氧树脂和不饱和树脂两种原料制作，适用于各类石材间的粘接或修补石材表面的裂缝和断痕，常用于各类型铺石工程及各类石材的修补、粘接定位和填缝（图7-31）。

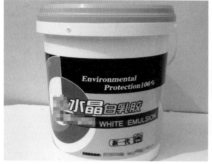

图7-32 图7-33 图7-34
图7-35 图7-36

图7-32 填缝剂

填缝剂凝固后在砖材缝隙上会形成光滑如瓷的洁净面，具有耐磨、防水、防油、不沾脏污等优势，能长期保持清洁，且能保证宽度不大于3mm的接缝不开裂、不凹陷。

图7-33 填缝剂调和

填缝剂调和后具有一定的黏稠度，表面一般呈现白色，用于瓷砖勾缝处，有很好的装饰效果。

图7-34 美缝剂

美缝剂凝固后，表面光滑如瓷，可以和瓷砖一起擦洗，具有抗渗透、防水的特性，可以做到真正的瓷砖缝隙"永不变黑"。

图7-35 聚醋酸乙烯胶黏剂

聚醋酸乙烯胶黏剂可用于墙面腻子调和，也可用作水泥增强剂、防水涂料等。

图7-36 聚醋酸乙烯胶黏剂质地

聚醋酸乙烯胶黏剂质地细腻，呈乳白色稠状液体，色泽亮丽。

（2）特质。云石胶耐候性强，不易黄变，耐水煮性强，云石胶固化24小时后，水浸泡10小时，然后沸水蒸煮5小时，仍然能保持强劲的粘结力。

4. 填缝剂

（1）定义。填缝剂是一种粉末状的物质，由多种高分子聚合物与彩色颜料制成，弥补了传统白水泥填缝剂容易发霉的缺陷，使石材、瓷砖的接缝部位光亮如瓷（图7-32、图7-33）。

（2）特质。填缝剂颜色丰富，自然细腻，具有光泽，不褪色，具有很强的装饰效果，各种颜色能与各种类型的石材、瓷砖相搭配。

（3）应用和价格。填缝剂主要用于石材、瓷砖铺装缝隙填补，是石材、瓷砖胶黏剂的配套材料，常用包装为每袋1～10kg不等，价格为5～10元/kg。

5. 美缝剂

（1）定义。美缝剂是填缝剂的升级产品，美缝剂的装饰性与实用性明显优于彩色填缝剂，传统的美缝剂是涂在填缝剂的表面，新型美缝剂不用填缝剂做底层，可以在瓷砖粘接后直接填加到瓷砖缝隙中（图7-34）。

（2）特质和应用。美缝剂适合2mm以上的缝隙填充，施工比普通型方便，是填缝剂的升级产品，且美缝剂光泽度好，颜色丰富自然细腻，如金色、银色、珠光色等。而白色、黑色色度明显高于白水泥、彩色填缝剂，能给墙面带来更好的整体效果，因此装饰性大大强于白水泥、彩色填缝剂。

二、聚醋酸乙烯胶黏剂

1. 定义

聚醋酸乙烯胶黏剂又称为白乳胶，它无毒无味、无腐蚀、无污染，是一种环保型水性胶黏剂，是专用于竹、木质材料粘接的专用胶黏剂（图7-35）。

2. 特质和应用

聚醋酸乙烯胶黏剂使用方便、操作简单，可以直接涂抹至粘接部位，主要用于家具制作、地板铺装等施工中，能辅助钉子、螺栓等连接件（图7-36）。

3. 规格和价格

聚醋酸乙烯胶黏剂常用包装为每桶0.5kg、1kg 4kg、8kg、18kg等，其中18kg包装产品价格为150～200元/桶。

4. 选购

选购聚醋酸乙烯胶黏剂时，要选择胶体均匀，无分层，无沉淀，开启容器时无刺激性气味的胶黏剂。

三、塑料胶黏剂

塑料胶黏剂是指用于塑料材料粘接的专用胶黏剂，目前常用的产品有以下几种。

1. 氯丁胶黏剂

（1）定义。氯丁胶黏剂又称为强力万能胶，属于独立使用的特效胶水，使用面广（图7-37）。

（2）特质。氯丁胶黏剂的初始粘力大，涂胶于表面，经适当晾置，合拢接触后，便能瞬时结晶，有很大的初始粘接力，耐久性好（图7-38）。

（3）应用。氯丁胶黏剂适用于防火板、铝塑板、PVC板、胶合板、纤维板、有机玻璃板及金属等多种材料的黏接，尤其常用于各种塑料板材之间的黏接。

（4）规格和价格。氯丁胶黏剂常用包装规格为每罐1kg、2kg、5kg、10kg、15kg等，其中1kg包装产品价格为20～30元/罐。

2. 环氧树脂胶黏剂

（1）定义。环氧树脂胶黏剂即HN-605胶，环氧树脂胶黏剂一般为双组分胶黏剂，即分为A、B两种包装，使用时将两者混合使用（图7-39）。

（2）配比。环氧树脂胶黏剂的混合比例为胶黏剂：硬化剂＝1：1，混合后一般应1小时以内用完，施工环境温度在15～25℃之间。

（3）特质。环氧树脂胶黏剂可耐震动与冲击而不脱落，可在常温下硬化，无需特别加热及加压，硬化后树脂无味、无臭、无毒，便于使用（图7-40）。

图7-37 ｜ 图7-38
图7-39 ｜ 图7-40

图7-37 氯丁胶黏剂

氯丁胶黏剂采用聚氯丁二烯合成，是一种以不含三苯（苯、甲苯、二甲苯）的高质量活性树脂及有机溶剂为主要成分的胶黏剂。

图7-38 氯丁胶黏剂质地

氯丁胶黏剂呈浅黄色液态，其结构比较规整，在室温下有较好的黏接性能与较大的内聚强度。

图7-39 环氧树脂胶黏剂

环氧树脂胶黏剂的特性是粘接强度高、耐酸碱、耐水及其他有机溶剂，适用于各种塑料、橡胶等多种材料的黏接。

图7-40 环氧树脂地板胶黏剂

小包装的环氧树脂地板胶黏剂可用于日常维修保养，使用方便，价格低廉，一般为3～5元/件。

（4）应用。环氧树脂胶黏剂主要用于各种塑料地板、地胶铺装，也可以将塑料材料粘接在金属、玻璃、陶瓷、塑料、橡胶材料表面。

3. 硬质PVC胶黏剂

（1）特质和应用。硬质PVC胶黏剂种类很多，具有较好的黏接能力与防霉、防潮性能，适用于黏接各种硬质塑料管材、板材（图7-41、图7-42）。

（2）规格和应用。硬质PVC胶黏剂常用包装有每罐100～1000g不等，其中500g包装的产品价格为10～15元/罐。

4. 免钉胶

（1）定义。免钉胶是一种黏合力极强的多功能建筑结构强力胶，在干固后，比铁钉的固定力度大（图7-43）。

（2）特质。免钉胶是不含甲醛、无异味、由树脂原料合成的一种绿色环保产品，可以和任何材料粘结，无气味，不伤皮肤，永远不会变黑、发霉。

四、玻璃胶黏剂

1. 定义

玻璃胶黏剂是专用于玻璃、陶瓷、抛光金属等表面光洁材料的胶黏剂，主要分为硅酮玻璃胶与聚氨酯玻璃胶两大类。

（1）酸性玻璃胶。酸性玻璃胶主要用于玻璃与其他材料之间的一般性黏接，粘接范围广，对玻璃、铝材、不含油质的木材等具有优异粘接性，但是不能用于粘接陶瓷、大理石等（图7-44）。

（2）中性玻璃胶。中性玻璃胶克服了酸性胶易腐蚀金属材料，易与碱性材料发生反应的缺点，因此适用范围更广，可以用于黏接陶瓷洁具、石材等（图7-45）。

（3）其他。此外，还有中性防霉胶，耐候性更强，特别适用于一些潮湿、容易长霉菌的环境，价格比酸性胶要高。

图7-41 ｜ 图7-42
图7-43 ｜ 图7-44 ｜ 图7-45

图7-41 硬质PVC胶黏剂

硬质PVC胶黏剂具有黏接强度高、耐湿热性、抗冻性、耐介质性好、干燥速度快、施工方便、价格便宜等特点。

图7-42 硬质PVC管道胶黏剂涂刷

硬质PVC胶黏剂主要用于PVC穿线管与PVC排水管接头构造的黏接，还可用于PVC板、ABS板等塑料板材黏接。

图7-43 免钉胶

免钉胶干固后可以打磨上油漆，比玻璃胶的成本要高出很多，价格相应也会高出很多。

图7-44 酸性玻璃胶

酸性玻璃胶能减少设备磨损度，能提高产品表面滑爽性，且能很好地提高阻燃性。

图7-45 中性玻璃胶

中性玻璃胶使用方便，黏接性较好，施工前一定要将基层表面油污清除干净。

图7-46 901建筑胶水

901建筑胶水中所含甲醛较少，基本在国家规定的范围以内，相对于传统107与801建筑胶水而言较为环保。

图7-47 建筑胶水与腻子调和

建筑胶水和腻子调和时要依据产品说明和实际施工所需来进行调配，不宜过多，以免浪费。

图7-48 糯米胶

糯米胶黏性长、无毒、无异味、环保健康、维修率低、使用面广，几乎适用于所有的壁纸类型。

图7-49 糯米胶储存

糯米胶的最佳储藏条件为5~35℃的阴凉干爽环境，注意避免阳光直射。

图7-50 淀粉壁纸胶

淀粉壁纸胶具有经济实用、使用方便、强力配方、粘贴牢固等特性，粉末保存容易结块，胶液状态保存时间短，必须立即使用，其施工准备时间仅需要5分钟。

图7-46	图7-47	图7-48
图7-49	图7-50	

2. 应用

玻璃胶黏剂主要用于干净的金属、玻璃、抛光木材、加硫硅橡胶、陶瓷、天然及合成纤维、油漆、塑料等材料表面的黏接，也可以用于光洁的木线条、踢脚线背面或墙壁缝隙等部位。

3. 规格和价格

常用硅酮玻璃胶颜色有黑色、瓷白、透明、银灰、灰、古铜6种。玻璃胶规格为每支250mL、300mL、500mL等，其中中性硅酮玻璃胶500mL价格为10~20元/支。

五、其他胶黏剂

1. 建筑胶水

（1）定义。建筑胶水是以聚乙烯醇、水为主要原料，加入尿素、甲醛、盐酸、氢氧化钠等添加剂制成的胶水（图7-46）。

（2）应用。建筑胶水主要用于配制涂料腻子，也可以添加到水泥砂浆或混凝土中，以增强水泥砂浆或混凝土的胶黏强度，起到基层与涂料之间的过渡作用（图7-47）。

（3）规格和价格。901建筑胶水的常用包装规格为每桶3kg、10kg、18kg等，常见的18kg产品价格为60~80元/桶，知名品牌产品价格为120~150元/桶，其产品质量较有保证。

（4）选购。注意优质建筑胶水打开包装后无任何异味，搅拌时黏稠度适中，质地均匀且呈透明状。

2. 壁纸胶

（1）定义。壁纸胶是指专用于壁纸、墙布等材料粘贴的胶黏剂，主要分为甲基纤维素壁纸胶与淀粉壁纸胶两类，是取代传统液态胶水的新型产品。

（2）分类。壁纸胶根据组成成分可以分为糯米胶和淀粉壁纸胶2种。

1）糯米胶。糯米胶也称江米胶，是用纯天然糯米或江米为原料，经过糯米净化、研磨、干燥等十二道工序而形成的环保胶黏剂（图7-48、图7-49）。

2）淀粉壁纸胶。淀粉壁纸胶也被称为土豆粉，主要采用植物淀粉为原料生产，不含甲醛等有害物质（图7-50）。

图7-51 聚氨酯泡沫填充剂

聚氨酯泡沫填充剂具有施工方便快捷、性能稳定等优势，可粘附在混凝土、涂层、墙体、木材及塑料表面。

图7-52 门窗泡沫发泡膨胀

聚氨酯泡沫填充剂适用于密封堵漏、填空补缝、固定粘结及保温隔声，尤其适用于成品门窗与墙体之间的密封堵漏及防水。

图7-51 | 图7-52

3）现代壁纸胶一般为分解包装产品，即分为基膜、胶粉、胶水3个包装。价格为60～150元/组，每组可铺装普通壁纸约12～15m²。此外，壁纸胶产品种类较多，很多为进口产品，如成品桶装胶，其成分不明，但价格却很高，具体可以根据实际条件选购。

3. 聚氨酯泡沫填充剂

（1）定义。聚氨酯泡沫填充剂全称为单组分聚氨酯泡沫填缝剂，又称为发泡剂、发泡胶、PU填缝剂，它是一种将聚氨酯预聚物、发泡剂、催化剂等物料装填于耐压气雾罐中的特殊材料（图7-51）。

（2）特质。当聚氨酯泡沫填充剂从气雾罐中喷出时，沫状的聚氨酯物料会迅速膨胀并与空气或接触到的基体中的水分发生固化反应，从而形成泡沫。固化后的泡沫具有填缝、粘接、密封、隔热、吸声等多种效果，是一种环保节能、使用方便的装修填充材料（图7-52）。

（3）规格和价格。聚氨酯泡沫填充剂的常用包装为每罐500mL、750mL，其中750mL包装的产品价格为15～25元/罐。

六、胶凝材料一览表（表7-1）

表7-1　　　　　　　　　　　　　　胶凝材料一览表

	名称	图例	性能特点	用途	参考价格
石材与瓷砖胶黏剂	瓷砖胶		耐水、耐久性，操作方便，价格低廉	适用于粘贴自重不大的块材	20kg/袋，60～80元/袋
	AB型干挂胶		具有很高的黏接强度，价格也更高	适用于在潮湿墙面上铺装石材、砖材，尤其在家具、构造上局部铺装石材、瓷砖	A、B各1桶，5kg/桶，价格为100～200元/组
	云石胶		耐候性强，不易变黄，耐水煮性强	适用于各类石材间的黏接或修补石材表面的裂缝和断痕	4kg/桶，价格为100～200元/桶
	填缝剂		颜色丰富，自然细腻，具有光泽，不褪色，具有很强的装饰效果	主要用于石材、瓷砖铺装缝隙填补	每袋1～10kg不等，价格为5～10元/kg
	美缝剂		施工方便，光泽度好，颜色丰富、自然细腻	瓷砖、缝隙美缝	50～100元/罐

名称		图例	性能特点	用途	参考价格
聚醋酸乙烯胶黏剂			无毒无味、无腐蚀、无污染,是一种环保型水性胶黏剂	专用于竹、木质材料粘接的专用胶黏剂	0.5kg、1kg 4kg、8kg、18kg等,其中18kg包装产品价格为150～200元/桶
塑料胶黏剂	氯丁胶黏剂		初始粘接力大,耐久性好	各种塑料板材之间的黏接	每罐1kg、2kg、5kg、10kg、15kg等,其中1kg包装产品价格为20～30元/罐
	环氧树脂胶黏剂		无味、无臭、无毒,使用方便,价格低廉	各种塑料地板、地胶铺装	3～5元/件
	硬质PVC胶黏剂		粘接能力、防霉、防潮性能好	适用于粘接各种硬质塑料管材、板材	每罐100～1000g等,其中500g包装的产品价格为10～15元/罐
	免钉胶		不含甲醛、无异味的绿色环保产品,无气味,不伤皮肤,永远不会变黑、发霉	可以和任何材料黏结	每罐50～500g等,10～15元/罐
玻璃胶黏剂	酸性玻璃胶		粘接范围广,阻燃性好	对玻璃、铝材、不含油质的木材等具有优异黏接性	硬瓶常见规格:230mL、260mL、280mL、300mL。软包常用规格:500mL、550mL、590mL,15～35元/支
	中性玻璃胶		不会腐蚀金属材料,防霉、耐候性更强	用于黏接陶瓷洁具、石材等	
其他胶黏剂	建筑胶水		增强水泥砂浆或混凝土的胶粘强度,起到基层与涂料之间的过渡作用	用于配制涂料腻子,也可以添加到水泥砂浆或混凝土中	3kg、10kg、18kg等,18kg为60～80元/桶,知名品牌120～150元/桶
	壁纸胶 糯米胶		环保胶黏剂		60～150元/组,每组可铺装普通壁纸约12～15m²
	壁纸胶 淀粉壁纸胶		不含甲醛等有害物质	用于壁纸、墙布等材料粘贴的胶黏剂	
	聚氨酯泡沫填充剂		固化后的泡沫具有填缝、黏接、密封、隔热、吸声等多种效果,是一种环保节能、使用方便的装修填充材料	适用于密封堵漏、填空补缝、固定粘结及保温隔声	每罐500mL、750mL,750mL包装产品价格为15～25元/罐

第四节　胶凝材料施工

一、施工方法

首先，根据设计要求清理界面基层的污渍、水渍、油渍，必要时应打磨、凿毛界面并扫除灰尘。然后，打开包装，根据胶黏剂包装上的使用说明调配胶黏剂。接着，在规定时间内，采用专用工具将胶黏剂涂抹至黏接部位，对粘接材料进行黏接。最后，待干，养护，妥善保存剩余胶黏剂，但不能返还至包装容器中。

二、施工要点

1. 瓷砖胶

将胶黏剂倒入清水中搅拌成膏状，一般应先加水再倒入粉剂，搅拌时可使用人工或电动搅拌机，混合比例为胶黏剂：水 = 4：1，必要时可以掺入促凝剂、增稠剂等（图7-53~图7-56）。

充分拌合后以完全无粉团为合格，搅拌完毕后静止放置约10分钟后简单搅拌即可使用，每次涂布约1m²左右，然后在晾置时间内将块材揉压于上即可。如果瓷砖背面的沟隙较深或石材、瓷砖较大较重，则应在铺装界面与砖材背面同时涂上胶黏剂，粘贴块材的面积一般应不大于800mm×800mm，厚度不大于15mm。

2. AB型干挂胶

使用混合点胶器施工，点胶的距离为200~300mm，块材背面与铺装界面相对应的部位都应点胶。点胶后5分钟内将块材对压至相应界面上，并作及时微调，24小时后才能完全固化，取出的胶黏剂应在2小时内用完（图7-57）。

图7-53	图7-54
图7-55	图7-56	图7-57

图7-53 少量调和

用量较少时少量调和瓷砖胶，以免干裂浪费，少量调和适用于修补瓷砖铺装边缘。

图7-54 添加建筑胶水

在大量调和时，可以根据用量来添加建筑胶水，以增强黏合度。

图7-55 涂抹均匀

将瓷砖胶均匀地涂抹到瓷砖背后，涂抹平整，边角保持倾斜。

图7-56 平铺地面

平铺到地面上以后按压平整，并仔细养护，48小时内不能踩压。

图7-57 块材背后点胶

AB型干挂胶必须严格按重量比混合，每次点胶量以200g为佳，用量过多或过少均会影响铺装效果。

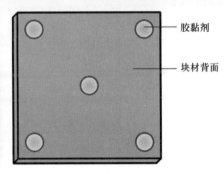

胶黏剂

块材背面

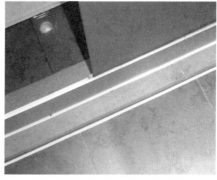

图7-58 | 图7-59 | 图7-60
图7-61 | 图7-62

图7-58 填缝剂填补

填缝剂填补完成后要等待24小时后用干燥抹布进行进一步清洁，固化后的填缝剂有一定的防水功能。

图7-59 混合点胶器

混合点胶器是专门用于双组分装饰材料施工的器械，可以更方便施工，同时也能控制出胶量。

图7-60 打胶器施工

玻璃胶施工时应用配套打胶器，施工数量可以有效控制，施工后用抹刀或木片修整表面。

图7-61 硅酮玻璃胶胶黏剂封闭边缘

封闭边缘待其固化后则需用美工刀刮去对胶剂或用二甲苯、丙酮等溶剂擦洗。

图7-62 壁纸简易涂胶器

采用涂胶器来施工，使用快捷，涂胶均匀，且器械易清洗，其涂装质量也会更好。

3. 云石胶

胶和固化剂的配比量在100：2～4之间综合性能最好，但又并不是固化剂配比量越大越好，如果超过此配比量，会造成云石胶凝固过快，从而出现没有粘结强度、固化物松散、固化物变黄、不透明等现象。

固化剂越多，固化速度会较之前快8～16分钟，在使用时，应先进行小试，根据个人所需要的时间来掌握好添加量之后，再进行批量生产操作，从而达到最佳的使用效果，一般配比在100：10的范围内，固化剂的多少对固化物硬度没有太大影响。

4. 填缝剂

调配比例一般为填缝剂：水＝4：1，将清水加入填缝剂中调成膏状，静置10分钟后，再简单搅拌即可使用（图7-58）。

5. 氧树脂胶黏剂

一般将A、B两种胶混合至点胶器中，注入粘接面，或将黏接剂与硬化剂均匀混合后，用竹片、抹刀或刷子涂装在基层表面，涂装厚度依其需要而定，然后将接触表面合拢轻压即可（图7-59）。

6. 玻璃胶黏剂

酸性胶、中性透明胶的固化时间为5～10分钟，中性彩色胶一般应在30分钟内。玻璃胶的固化时间随着粘接厚度增加而增加，玻璃胶黏剂未固化前可用布条或纸巾擦掉。酸性玻璃胶在固化过程中会释放出刺激性气体，因此一定要在施工后打开门窗（图7-60、图7-61）。

7. 壁纸胶

调配胶浆时需要塑料筒与搅拌棍，边搅动边将胶粉逐渐加入胶水或清水中，直至胶液呈均匀状态为止。施工时原则上是壁纸越重，胶液的加水量越小，不能用温水或热水，否则胶液将结块而无法搅匀。在搅拌好的胶浆中加入胶粉会结块而无法再搅拌均匀，胶液不宜太稀，而且上胶量不宜太厚，否则胶液容易从接缝处溢出而影响粘贴质量（图7-62）。

图7-63 聚氨酯泡沫填充剂施工

施工时要注意喷射速度,通常喷射量至所需填充体积的50%即可。

图7-64 切割整齐

聚氨酯泡沫填充剂施工2小时后才会完全固化,可采用美工刀切割,切去多余部分泡沫。

图7-63 | 图7-64

8. 聚氨酯泡沫填充剂

将聚氨酯泡沫填充剂罐摇动至少1分钟,再将塑料管对准缝隙喷射。待10分钟左右泡沫表面凝固,再切去多余的干固泡沫。根据需要在其表面用水泥砂浆、成品腻子、涂料或硅胶覆盖装饰(图7-63、图7-64)。

本章小结:

胶凝材料的发展有着悠久的历史,人们使用最早的胶凝材料为"黏土",用来抹砌简易的建筑物。接着出现的水泥等建筑材料都与胶凝材料有着很大的关系。而且胶凝材料具有一些优异的性能,在日常生活中应用较为广泛,随着相关技术的发展,胶凝材料及其制品工业必将产生新的飞跃。

第八章

水电材料

识读难度： ★★★☆☆

核心概念： 水路材料、电路材料、水路施工、电路施工

章节导读： 在现代装修中，水电施工面积广大，由于不能随意拆卸埋设在墙体中的水电管线设备，一旦损坏会造成严重的后果，维修起来也很困难，因此，水电材料要保证使用安全。水电材料要特别注意质量，除了选用正宗品牌产品外，还要选择优质辅材，配合严格、精湛的施工工艺，这样才能更好地保证使用安全。

第一节　水路材料

水路材料中的各种规格的转角、接头及水管价格有高有低，具体数量的核定应根据设计图纸与施工现场精确计算，按需选购，避免浪费。

一、PP-R管

1. 定义

PP-R管又称为三型聚丙烯管，是采用无规共聚聚丙烯经挤出成为管材，注塑而成的绿色环保管材（图8-1、图8-2）。

2. 特质和应用

PP-R管具有一般塑料管重量轻、耐腐蚀、不结垢、使用寿命长等特点，最主要的是无毒、卫生，不仅用于饮用水管，还用于中央空调、锅炉地暖的给水管。PP-R管在施工中安装方便，连接可靠，各种管件与管材之间可以采用热熔连接，其连接部位的强度大于管材本身的强度（图8-3）。

3. 规格和价格

（1）规格。PP-R管的规格表示分为外径（DN）与壁厚（EN），单位均为mm，PP-R管的外径一般为20mm（4分管）、25mm（6分管）、32mm（1寸管）、40mm（1.2寸管）、50mm（1.5寸管）、65mm（2寸管）、75mm（2.5寸管）等。

（2）抗压级别。此外还有管材系列S级，用来表示管材抗压级别，单位为MPa，大部分企业生产的PP-R管材有S5、S4、S3.2、S2.5、S2等级别，其中S5级管材能承载1.25MPa，即能承重12.5kg的水压，以25mm的S5型PP-R管为例，外部25mm，管壁厚2.5mm，长度一般为3m或4m，也可以根据需要定制，价格为8~12元/m。

4. 选购

（1）观察管材与管件的外观，所有管材、管件的颜色应该基本一致，内外表面应光滑、平整，无凹凸、气泡与表面缺陷，不应含有可见杂质，管材与各种管件应不透光。

图8-1 PP-R管

PP-R管专用于自来水供给管道，全面替代了传统的镀锌铁管，在装修中主要用于连通各种用水空间。

图8-2 PP-R管销售展示

PP-R管销售时一般成批次销售，所购买的管件要能与PP-R管相匹配，螺口大小要与PP-R管的管径一致，配套管件也要高品质的。

图8-3 PP-R管管件

图8-1 ｜ 图8-2
图8-3

图8-4 测量管壁

将游标卡尺的卡钳深入到PP-R管中，夹紧至无缝隙，并得出相应尺寸，一般需人工读取尺寸，精确度较高。

图8-5 软PVC管

软PVC管具备良好的电绝缘性能、柔软性能和良好的着色性能。

图8-6 硬PVC管

硬PVC管抗老化性能好，内壁光滑阻力小，不结垢，无毒、无污染。

图8-7 PVC管安装

PVC管主要用于污水排放管道，安装于装修空间的下部。

图8-4	图8-5
图8-6	图8-7

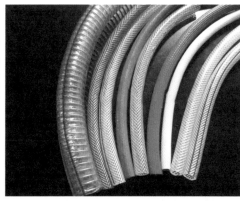
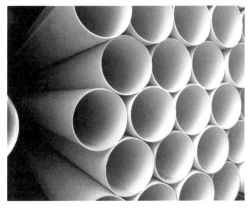
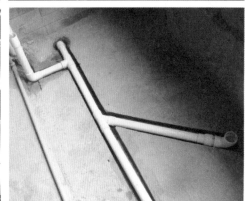

（2）用尺测量管材、管件的外径与壁厚，看是否达到标识的参数，尤其要注意管壁厚度是否均匀（图8-4）。

（3）仔细闻管口，优质产品不应有任何气味，注意观察配套接头管件，其优质产品的内螺材质应该是不锈钢或铜材，金属与外围管壁的接触应当紧密、均匀，不能有任何细微的裂缝、歪斜等瑕疵。

二、PVC管

1. 定义

PVC管全称为聚氯乙烯管，是由聚氯乙烯树脂与稳定剂、润滑剂等配合后，采用热压法挤压成型的塑料管材（图8-5～图8-8）。

2. 特质和应用

PVC管的抗腐蚀能力强、易于粘接、价格低、质地坚硬，适用于输送温度不大于45℃的排水管道。

PVC管还具有较好的抗拉、抗压强度，管壁非常光滑，对水流的阻力很小，管壁内部的抗压性能不高，一般不大于0.3MPa，仅适用于无水压的排水管。

PVC管具有优异的耐酸、耐碱、耐腐蚀性能，不受潮湿空气、水分、土壤酸碱度的影响，管道铺设时不需任何防腐处理（图8-7）。

3. 规格和价格

PVC管的规格有$\phi40～\phi200$等多种，管壁厚1.5～5mm，较厚的管壁还被加工成空心状，隔声效果较好。

$\phi40～\phi90$的PVC管主要用于连接洗面台、浴缸等排水设备，$\phi110～\phi130$的PVC管主要用于连接坐便器、蹲便器等排水设备，$\phi160$以上的PVC管主要用于横、纵向主排水管连接。

图8-8 PVC管管件

PVC管还有各种规格、样式的接头管件，价格相对较高，也是一套复杂的产品体系，其管件和PP-R管的管件类似，尺寸同样要控制好。

图8-9 脚踩测试

可以用脚轻轻踩压PVC管材，管材不轻易开裂、破碎的为优质的PVC管材。

图8-10 铝塑复合管

铝塑复合管最高使用温度为110℃，且铝塑管热膨胀系数小，按用途分类可以分为普通饮用水管、耐高温管、燃气管等多种。

图8-11 铝塑复合管地暖安装

铝塑复合管地暖安装时要确保平层已经干透，安装后一定要记得排除多余的气体。

	图8-8	
图8-9	图8-10	图8-11

以φ75的PVC管为例材，外部φ75，管壁厚2.3mm，长度一般为4m，价格为8~10元/m。

4. 选购

（1）观察PVC管表面的颜色，优质产品一般为白色，管材的白度应该高但不应刺眼。仔细测量管径与管壁尺寸，看是否与标识参数一致。

（2）用脚踩压管材，以不开裂、破碎为优质产品，还可以用美工刀削切管壁，优质产品的截面质地很均匀，削切过程中不会产生任何不均匀的阻力（图8-9）。

三、铝塑复合管

1. 定义

铝塑复合管又称为铝塑管，具有聚乙烯塑料管耐腐蚀与金属管耐高压的双重优点，是最早替代铸铁管的给水管，具有稳定的化学性质（图8-10）。

2. 特质

铝塑复合管耐腐蚀，无毒无污染，表面及内壁光洁平整，不结垢，重量轻，能自由弯曲。在工作温度不大于60℃、工作压力不大于0.4MPa的条件下，铝塑复合管的使用寿命可达50年（图8-11）。

3. 分类

（1）普通饮用水管。普通饮用水管为白色L标识，适用于生活用水、冷凝水、氧气、压缩空气等。

（2）耐高温管。耐高温管为红色R标识，主要用于水温长期不小于95℃的热水及采暖管道系统。

（3）燃气管。燃气管为黄色Q标识，主要用于输送天然气、液化气、煤气的管道系统。

4. 规格和价格

铝塑复合管的常用规格有1216型与1418型两种，其中1216型管材的内径为ϕ12，外径为16mm，1418型管材的内径为ϕ14，外径为ϕ18，长度为50m、100m、200m。1216型铝塑复合管价格为3元/m，1418型铝塑复合管为4元/m。

5. 选购

（1）注意观察外观，优质产品表面色泽与喷码均匀，无色差，中间铝层接口严密，无明显划痕、凹陷、气泡、汇流线等痕迹。

（2）垂直裁切一段铝塑复合管，将手指伸进管内，优质管材的管口应当光滑，没有任何纹理或凸凹，裁切管口应无毛边。

（3）可以用铁锤等较坚硬的器物敲击管材，如果撞击面变形后能马上恢复至原形，则为优质产品，安装铝塑复合管应采用专用剪钳施工，不能采用锯切方式加工。

四、铜塑复合管

1. 定义

铜塑复合管又称为铜塑管，是将铜水管与PP-R采用热熔挤制、胶合而成的给水管，内层为无缝纯紫铜管，水与紫铜管完全接触（图8-12、图8-13）。

2. 特质

铜塑复合管适用于各种冷、热水给水管，由于价格较高，还没有全面取代PP-R管。铜塑复合管的规格与PP-R管一致，只是种类不及PP-R管多。

3. 规格和价格

铜塑复合管的外径一般为ϕ20（4分管）、ϕ25（6分管）及ϕ32（1寸管）等。不同厂商的产品管壁厚度均不同，但是管材的抗压性能比PP-R管要高很多。以ϕ25的铜塑复合管为例，管壁厚4.2mm，其中铜管内壁厚1.1mm，长度一般为3m，价格为30元/m。

4. 选购

铜塑复合管的识别选购方法与铝塑复合管一致，施工应采用弯管器，安装方式一般采取焊接式，这与PP-R管的焊接方式相同，铜塑复合管在接口处通过氧焊将管材与接头连接在一起，不会轻易发生渗漏。此外，压接是一种新的安装技术，施工时需要特殊工具，安装简单，抗漏水性能与焊接工艺不相上下。

图8-12 ｜ 图8-13

图8-12 铜塑复合管
铜塑复合管的外层为PP-R，保持了PP-R管的优点，铜塑管与PP-R管的安装工艺相同，施工便捷。

图8-13 铜塑复合管与配套管件
铜塑复合管具备一定的抑菌能力，同时导热性能也十分优异，但价格较高，其相关配件的尺寸应提前确定好。

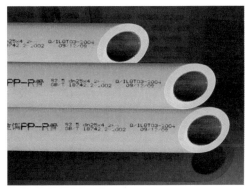
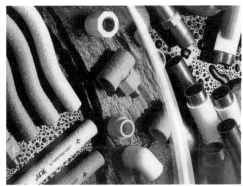

图8-14 不锈钢管

不锈钢管与铜管相比，内壁更为光滑，通水性更高，在流速高的情况下不腐蚀，长期使用不会积垢。

图8-15 不锈钢管管件

不锈钢相关管件依据不锈钢管内径尺寸不同，其尺寸选择也会有所不同，在安装时一定要注意辨别。

图8-16 不锈钢管剪钳

不锈钢管剪钳使用方便，有效提高了施工效率，也使得施工更简单。

★ **小贴士**

铜塑复合管目前现状

由于我国国情的原因目前大部分都是使用PP-R管。其实在西方国家普遍使用铜水管，因为铜对水质有保证，而且也有一定的杀菌和抑菌的作用，但是其价格高、安装不方便、散热耗能严重，限制了在我国的应用范围。铜塑管是将其和PP-R相结合的一种复合管材，并且具有价格和安装等优势，而且效果基本也能达到铜水管的效果。所以铜塑复合管是未来发展的一个趋势。

五、不锈钢管

1. 定义

不锈钢管是采用不锈钢制作的给水管材，是目前最高档的给水管，可直接用于饮用水输送，目前，我国的不锈钢管刚刚开始流行，在各种材质水管的性能价格比中，最优的是不锈钢水管，可以用于各种冷水、热水、饮用水、空气、燃气等管道系统（图8-14）。

2. 特质

不锈钢管与铜管相比，内壁更光滑，在流速高的情况下不腐蚀，长期使用不会积垢，不易被细菌粘污，更能杜绝自来水的二次污染，它的保温性也是铜管的20倍。

不锈钢管表面薄而致密的富铬氧化膜，使不锈钢管内的水质具有良好的耐腐蚀性，使用寿命可达100年。

3. 规格和价格

不锈钢管的规格表示为外径（DN）与壁厚（EN），单位为mm。不锈钢管的外径一般为 ϕ 20（4分管）、ϕ 25（6分管）、ϕ 32（1寸管）、ϕ 40（1.2寸管）、ϕ 50（1.5寸管）、ϕ 65（2寸管）等，其每种规格管材的内壁厚度也有多种规格。

不锈钢管长度为6m，以 ϕ 25mm（6分管）的镀锌管为例，其内壁厚度有0.8mm、1mm等多种，其中壁厚1mm的产品抗压性能可以达到3MPa，价格为30～40元/m。此外，不锈钢管还有各种规格、样式的接头管件，价格相对较高（图8-15）。

4. 选购

（1）观察管材管件内外表面，应光滑、平整，无凹凸，无气泡与其他缺陷，测量管材、管件的外径与壁厚，应与管材表面标识参数一致，尤其要注意不锈钢管的壁厚是否均匀。

（2）仔细观察配套接头管件，不锈钢管的接头管件应当为固定配套产品，且为同等型号的不锈钢，每个接头管件均有塑料袋密封包装。

（3）可以用手指伸进管内，优质管材的管口应当光滑，没有任何纹理或凸凹，裁切管口应无毛边。

（4）不锈钢管的安装一般采取压接工艺，施工时需要使用特殊工具，安装简单，抗漏水性能不错（图8-16）。

六、编织软管

1. 定义

编织软管是采用橡胶管芯，在外围包裹不锈钢丝或其他合金丝制成的成品给水管。编织软管两端预制加工成螺口，可以直接安装在各种水龙头、用水设备、管道接口上，使用方便。

2. 规格和价格

编织软管的规格一般以长度来判断，主要有400～1200mm多种，间隔100mm为一种规格，其外径为18mm左右，具体测量数据根据产品质量存在一定偏差。常用长600mm编织软管价格为10～15元/支。

3. 选购

（1）观察管身表面的编织效果，优质产品不跳丝、不断丝、不叠丝，编织样式交织的密度越高越好。

（2）观察螺帽、内芯是否为纯铜配件，铜螺帽的工艺是否是经过抛光镀铬，表面是否有毛刺，其冲压效果是否粗糙等（图8-17、图8-18）。

（3）仔细闻编织软管的两端是否会发出刺鼻性气体。

★ 小贴士

编织软管的构成

（1）内管：常采用的材料为丁腈橡胶、PVC、EPDM等。编织软管的内管主要采用丁腈橡胶与PVC混塑而成。

（2）外层：采用8股φ8的304不锈钢丝编织而成，密度≥20匝/40mm。

（3）螺母及内芯：采用HPb59优质黄铜经冲压、机加工等工艺制成，螺母表面经镀铬处理。

（4）连接套：采用HPb62～HPb65的铜片制成，表面经镀铬处理。

（5）密封垫片：采用厚度4.5mm丁腈橡胶平面密封垫片。

七、不锈钢波纹管

1. 定义

不锈钢波纹管又称为不锈钢软管，是一种柔性耐压管材，将不锈钢冲压成凸凹不平的波纹形态，可以利用其自身的转折角进行弯曲，安装于给水管末端接头与用水设备之间，能补偿固定给水管的长度不足或位置不符，是传统编织软管的全新替代品（图8-19）。

图8-17 观察材质

可以仔细观察编织软管的管口，螺母、内芯为纯铜配件，铜螺母的工艺经过抛光镀铬，表面无毛刺，且冲压效果优异的为优质的编织软管。

图8-18 弯曲管身

用手将编织软管弯曲，观察其弯曲性能，优质产品弯曲有一定阻力，但是不影响施工，且弯曲后能迅速还原，管材不会产生任何变形、收缩及断裂现象。

图8-19 包塑不锈钢波纹管

包塑不锈钢波纹管是在常规不锈钢波纹管表面包裹了一层彩色阻燃聚氯乙烯材料，并以此来提高管材的耐候性。

图8-17 | 图8-18 | 图8-19

2. 特质

不锈钢波纹管具有良好的柔软性、耐蚀性、耐高温、耐磨损、抗拉性，并能提供优良的电磁屏蔽性能。

3. 规格和价格

不锈钢波纹管的规格一般以长度来判断，主要有200～1000mm多种，间隔100mm为一种规格，其外径为18mm左右，具体测量数据根据产品质量存在一定偏差。常用长500mm的不锈钢波纹管价格为15～30元/支。

4. 选购

（1）观察管身表面的编织效果，优质产品不跳丝、不断丝、不叠丝，编织样式交织的密度越高越好。

（2）观察螺帽、内芯是否为纯铜配件，铜螺帽的工艺是否是经过抛光镀铬，表面是否有毛刺，其冲压效果是否粗糙等。

（3）用手将不锈钢波纹管弯曲，优质产品弯曲有一定阻力，且弯曲后能定型而不会还原，波纹节距过渡自然，管材自身更不会产生任何变形、收缩和断裂的现象（图8-20）。

八、水龙头

1. 定义

水龙头又称为水阀，是用来控制水流的开关、大小的装置，具有节水功效，在装修中，水龙头的使用频率最高（图8-21）。

2. 三角阀

（1）定义。三角阀是用于给水软管上游的小型水龙头，也是用于控制分支用水设备的水流开关（图8-22）。

（2）特质。当水压过小或过大时，可以适度调节三角阀。如果水龙头、给水软管、用水设备损坏时，可以将三角阀关闭后检修，不必触动总水阀，不影响其他用水设备。

（3）规格。三角阀的内部管径为ϕ15，外径为ϕ20（4分管）或ϕ25（6分管），适用水压力不大于1MPa、水温不大于90℃的冷热水。

（4）价格。三角阀价格一般为20～30元/件，少数高档品牌产品价格高达100元/件以上。

3. 选购

（1）注意观察外观，水龙头外表面一般经过镀铬处理，优质产品表面应呈乌亮如镜，色泽均匀，用手摸无毛刺、砂粒（图8-23）。

（2）水龙头的主要部件一般由黄铜铸造，表面电镀层不易腐蚀（图8-24）。

（3）优质水龙头为陶瓷阀芯，开启、关闭迅速，温度调节简便（图8-25）。

图8-20｜图8-21｜图8-22

图8-20 扭曲管身

不锈钢波纹管能自由弯曲成各种角度与曲率半径，在各个方向上均有同样的柔软性与耐久性，管材弯曲后其形体不会自动还原。

图8-21 水龙头销售

水龙头门类丰富，价格差距很大，普通产品价格范围从50～200元不等，高档产品甚至达到上千元。

图8-22 三角阀

三角阀表面有蓝色标记的为冷水阀，有红色标记的为热水阀，两种产品材质相同，标记不同颜色的目的是为了区分冷暖，便于安装、检修识别。

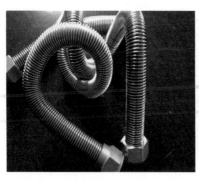

图8-23 触摸表面

用手指按一下龙头表面，指纹能很快散开的为优质品。

图8-24 观察管内

用小手电筒照射水龙头内部，观察内部材质的颜色，颜色纯正的为优质品。

图8-25 转动管身

取水龙头，转动水龙头手柄与管身，感受转动的难易程度，优质品应感到轻便、无阻滞感。

图8-23 | 图8-24 | 图8-25

九、水路材料一览表（表8-1）

表8-1　　　　　　　　　　水路材料一览表

名称	图例	性能特点	用途	价格
PP-R管		质地均衡，抗压能力较强，无毒害，施工方便，结构简单，价格低廉	室内外供水管道连接	ϕ25mm，S5型，8～12元/m
PVC管		质地较硬，耐候性好，不变形，不老化，施工方便，结构简单	室内外排水管道连接	ϕ75mm，管壁厚2.3mm，8～10元/m
铝塑复合管		能随意弯曲，可塑性强，抗压性较好，散热性较好，价格低廉	室内外供水管道，供暖管道连接	1216型，3元/m；1418型，4元/m
铜塑复合管		无污染，健康环保，节能保温，安装复杂，连接紧密，价格昂贵	室内外供水管道，直饮水管道连接	ϕ25mm，管壁厚4.2mm，内壁厚1.1mm，30元/m
不锈钢管		环保度高，装饰效果好，耐腐蚀好，保温性好	室内外供水管道，直饮水管道连接	ϕ25mm，壁厚1mm，30～40元/m
编织软管		质地较软，可任意弯曲，抗压性能较强，结构简单，容易老化，价格适中	供水管道终端连接用水设备	长600mm，10～15元/支
不锈钢波纹管		质地较硬，可任意弯曲，抗压性能强，结构简单，耐候性好，价格较高	供水、供气管道终端连接用水、用气设备	长500mm，15～30元/支

第二节　水路布置施工

水路施工比较复杂，属于隐蔽施工项目，主要施工内容为给水管施工、排水管安装。

一、给水管施工

1. 施工方法

首先，查看施工环境，找到给水管入口，根据设计要求放线定位；然后，在空间界面上开凿穿管所需的孔洞与暗槽，根据开槽尺寸对给水管下料并预装；接着，仔细检查管道布局，正式热熔安装，并采用各种预埋件与支托架固定管材；最后，采用打压器为给水管试压，用水泥砂浆修补孔洞和暗槽（图8-26～图8-34）。

2. 施工要点

给水管安装前还要清理管道内部，保证管内清洁无杂物，水路开槽应该保证暗埋的管道在墙内、地面内不外露。冷热水管安装应左热右冷，平行间距应不小于200mm，明装热水管穿墙体时应设置套管，套管两端应与墙面持平。

图8-26　切割机开槽

图8-27　电锤钻孔安装连接件

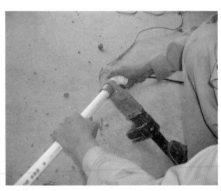
图8-28　PP-R管经过热熔后连接

图8-29　给水管最好布置在吊顶上方

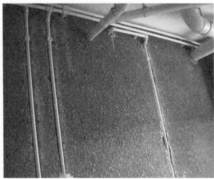
图8-30　暗装管道布置要符合逻辑

图8-31　明装管道要放线定位

图8-32　管线槽需要1：3水泥砂浆封闭

图8-33　水管布置完后要打压测试

图8-34　水压不低于0.6MPa

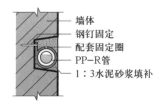

图8-35 给水管安装构造

此为给水管安装施工构造示意图，施工时注意开槽深度应大于管径20mm，管道试压合格后，墙槽应用1:3水泥砂浆填补密实，其覆盖厚度应不小于10mm。

墙体
钢钉固定
配套固定圈
PP-R管
1:3水泥砂浆填补

图8-36	图8-37
图8-38	图8-39
图8-40	

图8-36 施工前画线定位

图8-37 胶黏剂连接管道

图8-38 PVC管安装

图8-39 悬空管道需用水泥砖块固定

图8-40 PVC管安装构造

PVC管安装构造示意图很明确地标示了上置排水管和下置排水管施工时各构件之间的关系，施工前应了解清楚。

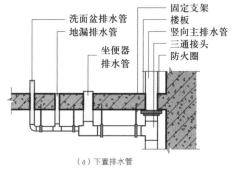

洗面盆排水管
地漏排水管
坐便器排水管
固定支架
楼板
竖向主排水管
三通接头
防火圈

（a）下置排水管

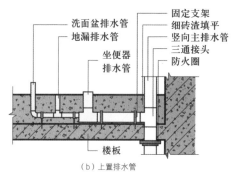

洗面盆排水管
地漏排水管
坐便器排水管
固定支架
细砖渣填平
竖向主排水管
三通接头
防火圈
楼板

（b）上置排水管

　　管道布局应横平竖直，各类阀门的安装位置应正确且平正，整齐美观，便于使用和维修。不大于20mm的给水管道固定管卡的位置应在转角、水表、水龙头、三角阀及管道终端的100mm处，PP-R管安装完成后应进行水压试验，给水管道试验压力应不小于0.6MPa（图8-35）。

二、排水管施工

1. 施工方法

　　首先，查看施工环境，找到排水管出口，根据设计要求放线定位。然后，在地面上测量管道尺寸，对给水管下料并预装。接着，仔细检查管道布局，正式胶接安装，并采用各种预埋件与支托架固定排水管。最后，采用盛水容器为各排水管灌水试验，观察排水能力，以及是否漏水，局部可以使用水泥加固管道，下沉空间需用细砖渣回填平整（图8-36～图8-40）。

2. 施工要点

　　安装PVC排水管应注意管材与管件连接件的端面一定要清洁、干燥、无油，去除毛边和毛刺。量取管材长度后，对管材进行切割，两端切口应保持平整，挫除毛边并作倒角处理，倒角不宜过大。

图8-41 管道布置应尽量简洁

简洁的管道布置有助于更有效地施工，也能减少水管交叉的尴尬。

图8-42 PVC管防火圈

PVC管穿越墙体时要在外围套上金属管，穿越混凝土楼板时要增加防火圈。

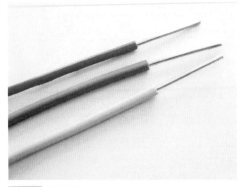

图8-43 单股电线

图8-44 单股电线卷

粘接前必须进行试组装，清洗插入管的管端外表约50mm长度与管件承接口内壁，再用涂有丙酮的棉纱擦洗，然后在两者粘接面上用毛刷均匀地涂上胶黏剂，不能漏涂。涂毕即旋转到理想的组合角度，将管材插入管件的承接口，用木槌敲击，使管材全部插入，及时擦去接合处挤出的胶黏剂。

管道安装时，必须按不同管径的要求设置管卡或吊架，位置应正确，埋设要平整，管卡与管道接触应紧密，但不能损伤管道表面。采用金属管卡或吊架时，金属管卡与管道之间应采用橡胶等软物隔垫（图8-41、图8-42）。

★ 补充要点

紫铜管

紫铜管可以改变形状，可以任意弯曲、变形，可以随意加工成弯头与接头，光滑的表面允许紫铜管以任何角度弯折，连接后安全系数高，不渗漏、不助燃、不产生有毒气体、耐腐蚀。紫铜管还具有重量较轻、导热性好、低温强度高、坚固且耐腐蚀的特性，成为现代自来水管道、供热、制冷管道的首选产品。

第三节　电路材料

电路材料主要是指各种电线与配套产品，电缆一般有2层以上绝缘层，为多芯结构，长度一般大于100m/卷。完整的电线布设主要由导体、绝缘层、屏蔽层与保护层4部分组成，导体是电线电缆的导电部分，用来输送电能；绝缘层是将导体与其他物质彼此隔离，保证电能安全输送；屏蔽层主要用于信号线的外围包裹，能有效防止电源信号不受干扰；保护层是保护电线免受外界损坏。

一、单股电线

1. 定义

单股电线即单根电线，普通单股电线一般只有导体与绝缘层，护套电线会增加保护层，而信号线根据不同功能带有屏蔽层（图8-43、图8-44）。

2. 规格

单股电线的粗细规格一般按铜芯的截面面积来划分，普通照明用线选用1.5mm²，插座用线选用2.5mm²，大功率电器设备的用线选用4mm²，超大功率电器可选用6mm²以上的电线。

3. 价格

1.5mm²的单股单芯线价格为100～150元/卷，2.5mm²价格为200～250元/卷，4mm²价格为300～350元/卷，6mm²价格为450～500元/卷，每卷均为100m。此外，为了方便施工，还有单股多芯线可选择，其柔软性较好，同等规格价格要高10%左右。

4. 选购

（1）单股电线表面应光滑，不起泡，外皮有弹性，优质电线剥开后铜芯有明亮的光泽，柔软适中，不易折断。

（2）优质电线的铜芯为紫红色，有光泽，手感软，伪劣产品为紫黑色、偏黄或偏白，杂质较多，韧性不佳，稍用力或多次弯折即会折断。

（3）可以用打火机燃烧电线的绝缘层，优质产品不容易燃烧，离开火焰后会自动熄灭，而伪劣产品遇火即燃，离开火焰后仍然燃烧，且有刺鼻的气味。

二、护套电线

1. 定义

护套电线是在单股电线的基础上增加了1根同规格的单股电线，即成为1个独立回路，这2根单股电线即为1根火线（相线）与1根零线，部分产品还包含1根地线，外部包裹有PVC绝缘套统一保护（图8-45、图8-46）。

2. 外观特色

护套电线外部都标有字母，分别代表不同意义，如ZR（阻燃）、NH（耐火）、WDZ（低烟无卤）、TH（湿热地区用）等；又如BVVR表示铜芯电线（B）、聚氯乙烯绝缘（V）、聚氯乙烯护套（V）及软质（R）等。

3. 规格和价格

1.5mm^{2}的护套电线价格为300～350元/卷，2.5mm^{2}价格为450～500元/卷，4mm^{2}价格为800～900元/卷，6mm^{2}价格为1000～1200元/卷，每卷100m。护套电线的识别选购方法与单股电线一致。

三、电视线

1. 定义

电视线又称为视频信号传输线，是用于传输视频与音频信号的线材，一般为同轴线（图8-47）。

2. 型号

电视线的一般型号为SYV75－X，其中S表示同轴射频，Y表示聚乙烯，V表示聚氯乙烯，75表示特征阻抗，X表示其绝缘外径，如3mm、5mm，数字越大线径越粗，且传输距离越远。例如，SYV75－3能正常工作的传输距离为100m，SYV75－5为300m，SYV75－7为500～800m，SYV75－9为1000～1500m。

图8-45 护套电线

护套电线安装时可以直接埋设到墙内，使用方便，无需组建回路，也不需要外套PVC管，适用于中小型空间快速装修。

图8-46 护套电线卷

护套电线和单股电线一样，都以卷为计量，具体规格和实际应用都与单股电线一致。

图8-47 电视线

电视线的质量优劣直接影响电视的收看效果，铝丝的根数，直接决定了传送信号的清晰度与分辨度。

图8-45 | 图8-46 | 图8-47

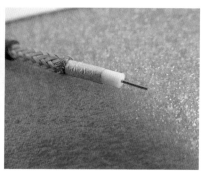

3. 价格

目前，常用的型号一般是SYV75－5，128编的价格为150～200元/卷，每卷100m。

4. 选购

注意电视线的编制层是否紧密，越紧密说明屏蔽功能越好，电视信号也越清晰；也可以用美工刀将电视线划开，观察铜丝的粗细，铜丝越粗，其防磁、防干扰性能越好。

四、音箱线

1. 定义

音箱线又称音频线、发烧线，是用来传播声音的电线，由高纯度铜或银作为导体制成，主要用于播放设备、功放、主音箱、环绕音箱之间的连接（图8-48、图8-49）。

2. 规格

常见的音箱线由大量铜芯线组成，一般为100～350芯，其中使用最多的是200芯与300芯音箱线，200芯就能满足基本需要，如果对音响效果要求很高，要求声音异常逼真等，可以选用300芯音箱线。

3. 价格

音箱线在工作时要防止外界电磁干扰，需要增加锡与铜线网作为屏蔽层，屏蔽层一般厚1～1.3mm。常用的200芯纯铜音箱线价格为5～8元/m。

4. 选购

（1）不能片面追求高纯材料制作的音箱线，价格昂贵但使用效果并不明显，现代音箱线多采用合金材料，不同材料的线材混合使用会在一定程度上调整音色，改善音质。

（2）音箱线的选用还要注意音箱与功放之间的位置，功放一般放置在左、右声道音箱之间，两个声道的音箱线应一样长，每声道为2～3m为宜。

（3）主音箱应选用300芯以上的音箱线，环绕音箱用200芯左右的音箱线，如果需要暗埋音箱线，同样要穿入PVC管进行埋设，不能直接埋进墙内。

★ 小贴士

音箱线

音箱线用于连接功放与音箱，其中流通的电流信号远大于前面所说的视频线与音频线，正因为信号幅度很大，这类线往往没有屏蔽层，对于这种线材，关键是要降低电阻，因为现代功放的输出阻抗很低，所以对音箱线的要求也随之增高，如选用截面积大的或多股绞合线。

图8-48 | 图8-49

图8-48 音箱线
音箱线由电线与连接头两部分组成，其中电线一般为双芯屏蔽电线，成卷包装。

图8-49 音箱线接头
音箱线常见连接头有RCA（莲花头）、XLR（卡农头）及TRS JACKS（插笔头）。

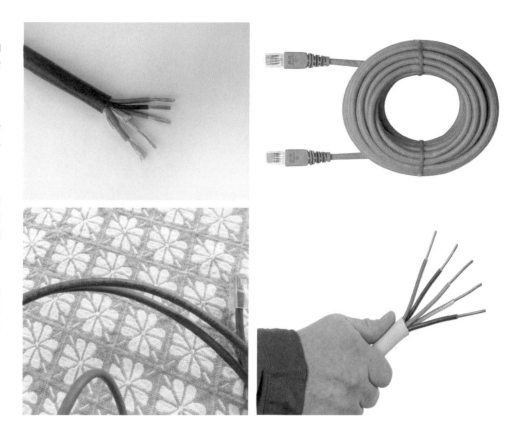

图8-50 双绞线

双绞线是最常用的传输介质，它采用一对彼此绝缘的金属导线互相绞合来抵御外界电磁波干扰。

图8-51 成品网路线

非屏蔽双绞线多为较短的成品网路线，接头制作精美，一般需要专用工具加工制作。

图8-52 网路线文字标识

优质产品外层表皮上的印刷文字非常清晰，没有锯齿状，伪劣产品的印刷质量较差，字体不清晰，或呈严重锯齿状。

图8-53 触碰网络线

用手触摸网路线，优质产品采用铜材作为导线芯，质地较软，伪劣产品在铜材中添加了其他金属元素，导线较硬，不易弯曲，使用中容易产生断线。

图8-50	图8-51
图8-52	图8-53

五、网路线

1. 定义

网路线是指计算机连接局域网的数据传输线，在局域网中常见的网线主要为双绞线，典型的双绞线有4对。

2. 分类

（1）双绞线可分为屏蔽双绞线与非屏蔽双绞线，屏蔽双绞线电缆的外层由铝铂包裹，以减小辐射，但并不能完全消除辐射，价格相对较高（图8-50）。

（2）非屏蔽双绞线直径小，节省空间，其重量轻、易弯曲、易安装、阻燃性好，能将近端串扰减至最小或消除（图8-51）。

3. 应用和价格

目前运用最多的网路线是超5类线与6类线，超5类线衰减小，串扰少，性能得到很大提高，主要用于千兆位以太网（1000Mbit/s）；6类线的电缆的传输频率为1~250Gbit/s，它提供2倍于超5类线的带宽，6类线的传输性能远高于超5类线标准，最适用于传输速率大于1Gbit/s的应用。目前常用的6类线价格为300~400元/卷。

4. 选购

（1）要辨别正确的标识，超5类线的标识为cat5e，带宽155M，是目前的主流产品；六类线的标识为cat6，带宽250M，用于千兆网（图8-52）。

（2）可以用美工刀割掉部分外层表皮，使其露出4对芯线，优质产品绕线密度适中，呈逆时针方向，伪劣产品绕线密度很小，方向也凌乱（图8-53）。

（3）可以用打火机点燃，优质产品外层表皮具有阻燃性，伪劣产品一般不具有阻燃性，不符合安全标准。

六、PVC 穿线管

1. 定义

PVC 穿线管是采用聚氯乙烯（PVC）制作的硬质管材，它具有优异的电气绝缘性能，且安装方便，适用于装修工程中各种电线的保护套管，使用率达90%以上（图8-54）。

2. 规格和价格

为了在施工中有所区分，PVC穿线管有红、蓝、绿、黄、白等多种颜色，其中ϕ20的中型PVC穿线管价格为1.5～2元/m，为了配合转角处施工，还有PVC波纹穿线管等配套产品，价格低廉，价格为0.5～1元/m（图8-55）。

3. 选购

（1）根据施工面积选购。PVC穿线管的选购方法与PVC排水管类似，只是应根据施工要求来选购，如果装修面积较大，一般在地面上布线，要求选用强度较高的重型PVC穿线管，如果装修面积较小，一般在墙、顶面上布线，可以选用普通中型PVC穿线管。

（2）根据施工区域选购。在转角处除了采用同等规格与质量的PVC波纹穿线管外，还可以选用转角、三通、四通等成品PVC管件，在混凝土横梁、立柱处转角时，可以局部采用编织管套。如果穿线管的转角部位很宽松，还可以使用弯管器直接加工，这样能提高施工效率。

★ 小贴士

在电改施工中要避免造成日后无法拽动的"死线"。

（1）最重要的是要使用穿线管埋线。

（2）电路走线应该把握"两端间最近距离走线"，不能无故绕线，这样不但会造成死线，还会增大电改投入。

（3）一根穿线管中不要穿太多线，穿线后都应该拽一下，看看是否可以轻松拽动。

（4）线路有接头必须在接头处留暗盒扣面板，方便日后更换和维修。

（5）管径小于25mm的PVC穿线管拐弯应用弯管器，不能加弯头拐弯，直角死弯往往会造成死线。

七、接线暗盒

1. 定义

接线暗盒是采用聚氯乙烯（PVC）或金属制作的电路连接盒，由于现代电路布设都采取暗铺装的方式施工，接线暗盒一般都需要进行预埋安装（图8-56、图8-57）。

图8-54 | 图8-55

图8-54 PVC穿线管

PVC穿线管的规格有很多种，内壁厚度一般应不小于1mm，长度为3m或4m。

图8-55 PVC波纹穿线管

PVC波纹穿线管具有很好的阻燃性，可选用同等规格的波纹管用于转角处。

图8-56 PVC接线暗盒

接线暗盒主要起到连接电线、过渡各种电器线路及保护线路安全的作用，PVC材质的暗盒其绝缘性能更好，使用面更广。

图8-57 金属接线暗盒

不同材质的接线暗盒不宜进行混合使用，金属材质的暗盒主要用于接地型插座，其防火、抗压性能良好。

图8-58 脚踩暗盒

将暗盒放在地上，用脚踩压不变形，也不会出现断裂的为优质品。

图8-59 拉扯暗盒

一般伪劣材料质地较粗糙，且边角部位毛刺较多，用力拉扯暗盒侧壁容易变形或断裂。

图8-60 空气开关

当电路内发生过负荷、短路、电压降低或消失时，空气开关能自动切断电路，保护用电设备。

图8-61 空气开关安装

空气开关应当控制不同的电路，安装时应小心谨慎，避免出现漏电事故，安装后要进行通电试验。

图8-56	图8-57
图8-58	图8-59
图8-60	图8-61

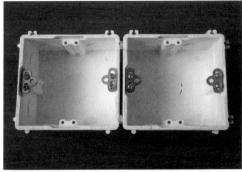

2. 规格和价格

常用的接线暗盒有86型、120型等其他特殊功能暗盒，此外，还有一些特制专用暗盒，仅供其配套产品使用，如空气开关暗盒，施工时应根据不同环境选用不同材质的暗盒。常用的86型PVC暗盒价格为1~2元/个，具体价格根据质量而不同。

3. 选购

（1）看外观。优质产品一般为白色、米色，质地光滑、厚实，有一定弹性但不变形（图8-58、图8-59）。

（2）闻气味。用打火机点燃后无刺鼻气味，离开火焰后会自动熄灭。

（3）看材质。优质暗盒的螺钉口为螺纹铜芯外包绝缘材料，能保证多次使用不滑口。

（4）看颜色。呈现褐色、黑色、灰色的产品多为返炼胶制作，暗盒表面有不规则的花纹，表示其中杂质较多，彼此间没有完全融合，不宜购买。

八、空气开关

1. 定义

空气开关又称为空气断路器，是指开关触头在大气压力下能分合的断路器，其绝缘介质为空气。空气开关目前被广泛用于500V以下的交、直流电路中，主要起到接通、分断、承载额定工作电流与故障电流的作用（图8-60、图8-61）。

2. 规格和价格

空气开关的规格与标识比较复杂，目前常用的空气开关有C10、C16、C20、C25、C32等规格，一般而言，1.5mm²的电线配C10空气开关，2.5mm²的电线配C16或C20空气开关，4mm²的电线配C25空气开关，6mm²的电线配C32空气开关。如果常规电线规格太小，应给大功率电器配专用线。常用的小型空气开关，如DZ47C25空气开关的价格为10~20元/个。

3. 选购

（1）优质空气开关的外壳应坚硬、牢固，棱角锐利，接缝处紧密、均匀、自然，用手开启、关闭开关，阻力较强，声音干脆且浑厚，无任何松动感。

（2）空气开关背后的接线卡口为纯铜材料，质地厚实，仔细闻空气开关的各部位，优质产品应无任何刺鼻气味。

（3）由于空气开关的型号、规格很多，具体购买型号应根据电路施工员的要求来确定，不能凭主观臆想购买，避免型号、规格不对造成不必要的浪费。

★ 补充要点

空气开关常规检测：

在检测空气开关是否正常的时候，应该请专业人员用漏电相位检测仪检测。如果空气开关处于正常保护状态，检测的时候，每路电的空气开关都会单独跳闸，漏电保护器也跟着一起跳闸。如果空气开关处于不正常的状态，那么只是总开关跳闸，单独的空气开关不跳闸，漏电保护器也不跳闸。

九、开关插座面板

1. 定义

开关插座面板是控制电路开启、关闭的重要构造，是电路材料的重点，开关插座面板价格相差很大，品牌繁多，从产品外观上看并没有多大区别，但是内部质量相差却很大。

2. 分类

（1）普通开关插座。普通开关插座的运用最多，主要分为常规开关、常规插座、开关插座组合等多种形式。

1）规格。在现代装修中多采用暗盒安装，普通开关插座面板的规格为86型、120型，其中86型是国际标准，即面板尺寸约86mm×86mm，120型面板一般都采用模块化安装，即面板尺寸约120mm×60mm或120mm×120mm，可以任意选配不同的开关、插座组合（图8-62、图8-63）。

2）价格。开关的价格差距很大，常规86型单联单控开关价格为10~20元/个。

3）插座。插座一般有2孔、3孔、5孔等，由于多功能插座的孔比较大，为了使用安全，一般都设有保护门，里面的金属部件被塑料片遮挡，起到安全保护作用（图8-64）。

图8-62 │图8-63 │图8-64

图8-62 开关插座面板正面

开关的种类很多，一般应根据空间位置与使用习惯来选择，如调光开关、触摸延时开关、调速开关、数控开关、拉线开关、智能开关及多功能开关等。

图8-63 插座面板背面接线端子

普通开关插座背后都有接线端子，常见有传统的螺丝端子与速接端子两种，前者需要螺丝刀固定，后者采用弹簧夹住电线，简单方便且不会脱落。

图8-64 插座

插座内的夹片为铜质，多以强力挤压的方式与插头紧密结合，使插头不易脱落，还可消除长时间使用发热的问题，能有效减少断电事故的发生，常规86型3孔插座价格为10~20元/个。

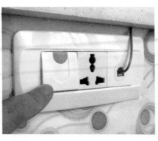

（2）智能开关。智能开关是指能接受各种感应信息，经过内置芯片分析后控制开启、关闭的开关装置，主要分为红外感应开关、声音感应开关、触摸感应开关、遥控开关4种。

1）红外感应开关。红外感应开关是当有人从红外感应探测区域经过而能够自动开启、关闭的开关（图8-65）。

2）声音感应开关。声音感应开关又称为声控开关，是利用声响效果激发拾音器进行声电转换，控制用电设备自动开启、关闭的开关（图8-66）。

3）触摸感应开关。触摸感应开关又称为轻触开关，是依靠人体手指、皮肤轻触即可控制照明或电器设备开启、关闭的智能开关，以上3种开关价格一般为20～30元/个，集成多种照明、电器，甚至带有遥控功能的品牌产品价格较高，一般为100～200元/个（图8-67）。

4）遥控开关。遥控开关是采用无线遥控技术来控制照明与电器设备开启、关闭的开关，通过遥控器操作，按下遥控器上的按键0.5秒左右，即可控制开关。在使用中，遥控开关可能受到环境影响而不能正常使用，如发射功率、距离、阻挡物等（图8-68）。

（3）地面插座。地面插座是专用于地面安装的插座，一般为多功能插座，地面插座盒内安装有多个插座的面板，面板固定在基座盖套里，其总体高度可调（图8-69）。

1）规格和价格。地面插座一般安装在空间面积较大的地面上，如客厅茶几下部，商场柜台下部等，方便各种电器设备随时取电，地面插座的表面规格为120mm×120mm，地面暗盒规格为100mm×100mm×55mm，一般采用金属暗盒，常用的5孔电源地面插座价格为60～100元/个。

2）选购。优质面板多采用PC（防弹胶），颜色为象牙白，普通产品多为ABS（工程塑料），颜色为苍白，劣质产品多采用普通塑料，颜色较灰暗；优质产品在开关时比较有阻力感，而普通产品则非常软，甚至经常发生开关停在中间位置的现象，容易造成安全隐患；鉴别是否为镀铜铁片可以采用磁铁，能吸住的是铁片，采用镀铜铁片的产品极易生锈变黑（图8-70）。

图8-65 红外感应开关

红外感应开关一般用于面积较小且功能单一的空间，主要用来控制照明、换气等常规电器设备，能做到人到灯亮，人离灯熄，安全节能。

图8-66 声音感应开关

声音感应开关可以当人在附近发出声响，如跺脚、喊叫等时，立即开启灯光或电器设备。

图8-67 触摸感应开关

触摸感应开关使用方便，一般用于入户玄关处，近几年使用频率有所增多。

图8-68 遥控开关

遥控开关除了用于常规照明外，还可用于大门开关，整体价格较高，为100~200元/个。

图8-69 地面插座

地面插座内一般具有多个插座，可多路接线，功能多、用途广、接线方便。常用插座模块为120型，可安装各种常规电源插座、电视插座、网线插座、音箱插座、电话插座等。

图8-70 观察拨片

优质产品的内部插片或拨片应为紫铜，颜色偏红，质地厚重。如果材质黄中泛白，则表明含铜量较低，甚至有可能是以铁充铜。

十、电路材料一览表（表8-2）

表8-2   电路材料一览表

名称	图例	性能特点	用途	价格
单股电线		结构简单，色彩丰富，施工成本低，价格低廉	照明、动力电路连接	长100m，1.5mm²，100～150元/卷，2.5mm²，200～250元/卷
护套电线		结构简单，色彩丰富，使用方便，价格较高	照明、动力电路连接	长100m，1.5mm²，300～350元/卷，2.5mm²，450～500元/卷
电视线		结构复杂，具有屏蔽功能，信号传输无干扰，质量优异	电视信号连接	长100m，128编，150～200元/卷
音箱线		结构复杂，具有屏蔽功能，信号传输无干扰，质量优异	音箱信号连接	长100m，200芯，5～8元/m
网路线		结构复杂，单根截面较细，质地单薄，传输速度较快	网络信号连接	长100m，6类线，300～400元/卷
PVC穿线管		质地光洁平滑，硬度高，强度好，能抗压，施工快捷方便	各种电线、电路外套保护	φ20mm中型管，1.5～2元/m；φ20mm波纹管，0.5～1元/m
接线暗盒		安全、实用性强	连接电线及各种电器线路的过渡，保护线路安全	86型，PVC暗盒，1～2元/个
空气开关		能自动切断电源，保护用电设备	接通、分断、承载额定工作电流和故障电流	Dz47-C25，10～20元/个

名称		图例	性能特点	用途	价格
开关插座面板	普通开关插座		实用性高，使用频率高	控制电路开启、关闭	86型单联单控开关，10~20元/个
	智能开关	红外感应开关	安全，节能	控制开关开启和关闭	20~30元/个
		声音感应开关	安全，方便，节能	控制开关开启和关闭	20~30元/个
		触摸感应开关	安全，方便，节能	控制开关开启和关闭	20~30元/个
		遥控开关	安全，方便，节能	控制常规照明及大门开关等	100~200元/个
	地面插座		功能多，用途广，接线方便	专用于地面安装插座	5孔电源地面插座，60~100元/个

第四节　电路布置施工

电路施工注重安全性，施工前要经过准确计算，绘制电路施工图，明确电路分配方式，主要施工内容为电线布设施工、开关插座面板安装。

一、电线布设施工

1. 施工方法

首先，根据完整的电路施工图现场草拟布线图，放线定位，用铅笔在墙面上标出线路终端插座、开关面板的位置，对照图纸检查是否有遗漏；然后在空间界面上开线槽，埋设暗盒及敷设PVC电线管，将单股线穿入PVC管；接着安装空气开关、各种开关插座面板、灯具，并通电检测；最后，根据现场实际施工状况完成电路竣工图，备案并指导进一步施工（图8-71～图8-78）。

图8-71 按照设计要求放线定位

图8-72 地面切割线槽要保持平整

图8-73 墙面切割线槽深度需一致

图8-74 地面管线分配要合理

图8-75 零线、火线分色布置

图8-76 电视背景墙内的电线预埋

粗PVC管

图8-77 电线暗盒安装要严谨

图8-78 弱电箱要布置在较低处

图8-71	图8-72
图8-73	图8-74
图8-75	图8-76
图8-77	图8-78

2. 施工要点

布线时应执行电源线在上，信号线在下，横平竖直，避免交叉，美观实用的原则。使用切割机开槽时深度应当一致，一般要比PVC管材的直径宽10mm，PVC管应用管卡固定，接头均用配套产品，用PVC胶黏剂牢。

当管线长度大于15m或有两个直角弯时，应增设拉线盒，盒内的线头要留有余量150mm左右，接头搭接应牢固，绝缘带包缠应均匀紧密。保护地线为2.5mm²的双色软线，导线间和导线对地间电阻必须大于0.5Ω。

电源线与信号线不能穿入同一根管内，两者水平间距应不小于300mm。电线与暖气、热水、煤气管之间的平行距离应不小于300mm，交叉距离应不小于100mm（图8-79）。

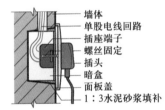

图8-79 PVC穿线管布设

此为PVC穿线管布设示意图，施工时注意PVC管安装好后，要统一穿电线，同一回路的电线应穿入同一管内，但管内总根数应不大于8根，电线总截面积包括绝缘层不应超过管内截面积的40%，暗线敷设必须配阻燃PVC管。

★ 补充要点

布线注意事项

（1）每户设置的配电箱尺寸，必须根据实际所需空开而定；每户均必须设置总开（两极）＋漏电保护器（所需位置为4个单片数，断路器空开为合格产品），严格按图分设各路空开及布线，并标明空开各使用旧路，配电箱安装必须有可靠的接地连接。

（2）电话线、电视线、电脑线的进户线均不得移动或封闭，严禁弱电线与导线安装在同一根管道中（包括穿越开关、插座暗盒等），管线均从地面墙角直。

（3）电器布线均采用中策BV单股铜线，接地线为BBR软铜线，穿PVC暗埋设（空心楼板、现浇屋面板除外）向为横平竖直，沿平顶墙角走，无吊顶但有80mm膏阴角线时限走中ϕ20mm、ϕ15mm各一根，禁止地面放管走线；严格按图布线（照明主干线为2.5mm²，支线为1.5mm²）管内不得有接头和扭结，均用新线，旧线在验收时交付房东。禁止电线直接埋入灰层。

（4）管内导线的总截面积不得超过管内径截面积的40%。同类照明的几个同路可穿入同一根管内，但管内导线总数不得多于8根。

二、开关插座面板安装施工

1. 施工方法

首先，检查已安装完毕的接线暗盒、电线、空气开关等，及时调整、修理不妥部位；然后，拆开面板取出螺丝，将预留电线分别接入端子并固定；接着，将电线弯折整齐，放入接线暗盒中，采用螺丝将面板固定至暗盒上；最后，调整面板的水平度，固定螺丝，并装上面板盖（图8-80～图8-83）。

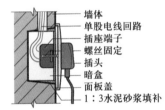

图8-80 开关插座面板安装构造

此图为开关插座的安装构造示意图，安装时必须依附于墙体，通过螺丝进行固定。安装完毕需要固定好面板，暗盒外部缝隙需要用1:3水泥砂浆填补。

图8-81 开关插座面板安装

图8-82 连接线路

图8-83 安装固定

2. 施工要点

安装电源插座时，面向插座的左侧应接零线（N），右侧应接火线（L），中间上方应接保护地线（PE）。开关安装高度应距地面1.3m，拉线开关离地面安装高度为2m，明装插座离地面安装高度为1.3~1.5m，暗装插座离地面高度为0.3m。

安装在台面、桌面上的开关插座应距离其表面0.15~0.3m，在较大的室内空间墙面上，应在水平间距3.6m左右安装1个插座。同一室内的插座面板应在同一水平标高上，高差应小于5mm，安装开关插座面板及灯具宜安排在最后一遍乳胶漆之前。

暗盒内的剩余电线长度应不大于100mm，多余部分应剪断，将过长的电线弯折后会导致电线积热，容易造成火灾。

★ 小贴士

预防电线绝缘层损坏

在电路使用中，常会出现电线短路、烧断、老化等损坏现象，因此在使用中，应注意电器的使用功率，大功率电器在普通电线上长时间运行会加速电流通过，而造成电线绝缘层温度过高，容易导致损坏，一定不要让电线受潮、受热、受腐蚀或碰伤、压伤，尽可能不让电线通过温度高、湿度大、有腐蚀性蒸气或气体的空间，电线通过容易被碰伤的地方要妥善保护，还需定期检查维修线路，有缺陷要立即修好，陈旧老化的电线必须及时更换，确保线路安全运行。

金属穿线管

（1）不锈钢穿线管。不锈钢穿线管多为304型或301型波纹管，具有良好的柔软性、耐蚀性、耐高温、耐磨损、抗拉性，可用于转角、变形的局部墙、顶面，适用于潮湿空间，或裸露在外部，依靠不锈钢质地作局部装饰。

（2）碳钢穿线管。碳钢穿线管为Q235型有缝钢管，自身强度较大，配有各种专用管件，且碳钢穿线管具有优良的机械性能与抗腐蚀性能，耐压强度高，热膨胀系数小，不收缩变形，但不能在特别潮湿，且有酸、碱、盐腐蚀或有爆炸危险的空间使用，使用环境温度为-15℃~40℃。

本章小结：

装修离不开电线，尤其是旧房，电线虽小"责任"重大。好多火灾都是由于电线线路老化，配置不合理，或者使用电线质量低劣造成的。因此，消费者在购买电线时一定要擦亮双眼，仔细鉴别，防患于未然。装饰装修为使居室美观，人们在施工时，水管一般都采用埋墙式方法，如果水管质量不好，一旦出现渗漏和爆裂，将带来难以弥补的后果。所以在购买水管电线时，千万不能贪图一时的便宜，如果预算实在紧张，其他装修材料方面可以稍微选低档一点的，但是购买电线和水管时不能降低标准，而应在保证安全的要求上，尽量购买高质量产品。

第九章

五金型材

识读难度： ★★★☆☆

核心概念： 金属型材、五金配件、五金型材施工

章节导读： 五金型材在装修中能起到提高效率、美化构造的目的，成品型材除了具备装饰能力还具备一定的
承载力，尤其是金属材料强度高，表面光洁明亮，金属原色能展现设计个性，而五金件作为设计
细节的所在，更是需要格外重视。识别五金型材的关键在于认清材质名称，观察材料厚度，辨析
饰面涂层，选择合适且经济的五金型材。

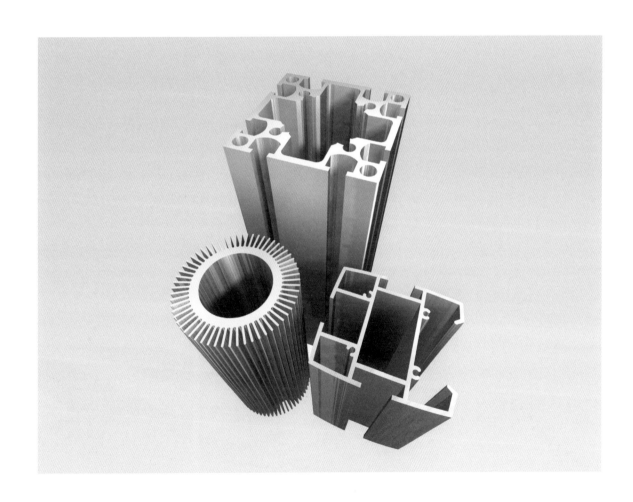

第一节　金属型材

金属材料在基础装修工程中主要起到强化构造连接的作用，一般包括各种型钢和轻钢材料。

一、型钢

1. 定义

型钢又称为重钢、钢材，是具有一定截面形状与尺寸规格的钢质型材，用于装修的型钢按其断面形状又可分为工字钢、槽钢、角钢、钢管、钢板、钢筋等，型钢的密度为7.85kg/m³。

2. 特质

型钢便于机械加工、结构连接与安装，还易于拆除、回收，与混凝土相比，型钢加工所产生的噪声小、粉尘少、自重轻，待建筑结构使用寿命到期，结构拆除后，产生的固体垃圾量小，废钢资源回收价值高，其施工速度约为混凝土构造的2～3倍。

3. 分类

（1）工字钢。工字钢又称为钢梁，是截面为工字形的长条型钢，其规格以腰高×腿宽×腰厚尺寸来表示，如工160mm×88mm×6mm，即表示腰高160mm、腿宽88mm、腰厚6mm的工字钢（图9-1、图9-2）。

1）规格表示。工字钢的规格也可用型号表示，型号表示腰高的厘米数，如工16号，腰高相同的工字钢，如有几种不同的腿宽与腰厚，需在型号右边加a、b、c加以区别，如22号a、22号b等。

2）价格。工字钢除了上述截面规格外，长度为6m，具体价格按重量计算，根据国际市场行情不断变化，优质产品的价格一般为7000～10000元/吨。

（2）槽钢。槽钢是截面为凹槽形的条形型钢，分普通槽钢与轻型槽钢，热轧普通槽钢的规格为5号～20号，在相同的高度下，轻型槽钢比普通槽钢的腿窄、腰薄、重量轻，5号～16号槽钢为中型槽钢，18号～40号为大型槽钢。

1）规格表示。槽钢规格的表示方法，如120mm×53mm×5mm，即表示腰高120mm、腿宽53mm、腰厚5mm的槽钢，或12号槽钢。腰高相同的槽钢，如有几种不同的腿宽与腰厚也需在型号右边加a、b、c予以区别，如20号a、20号b等。

2）价格和应用。在装修中，选用槽钢的方式与工字钢基本一致。槽钢除了上述截面规格外，长度与价格与工字钢一致（图9-3）。

（3）角钢。角钢又称为角铁，是两边互相垂直形成角形的型钢，有等边角钢与不等边角钢之分。等边角钢的两个边宽相等（图9-4）。

图9-1 ｜ 图9-2

图9-1 工字钢应用

在装修中，工字钢一般用于架空楼板的立柱、横梁，悬挑楼板的挑梁，或用于加强建筑构造的支撑结构。

图9-2 H型钢

H型钢具有抗弯能力强、施工简单、节约成本和结构重量轻等优点，已被广泛应用，且截面形状经济合理，力学性能好。

图9-3 槽钢应用

槽钢主要辅助工字钢使用，一般可用于辅助架空楼板的立柱、横梁，悬挑楼板的挑梁，或用于加强建筑构造的支撑结构。

图9-4 角钢

边长小于50mm的为小型角钢，50~125mm之间的为中型角钢，边长大于125mm的为大型角钢。

图9-5 无缝钢管

无缝钢管采用优质碳素钢或合金钢制成，强度高，用于装修中的各种热水管、暖气管、空调管，也可以用来搭建脚手架等。

图9-6 有缝钢管

有缝钢管生产工艺简单，生产效率高，品种规格多，强度较高，在装修中主要用于输水管、煤气管、暖气管、电器管等。

图9-7 圆形钢管

圆形钢管承载力强，截面面积大，但在受力条件下，不及方、矩形管抗弯强度大，一些装修构造的骨架、重型家具等常用方、矩形管。

图9-8 异形钢管

异形钢管是指各种非圆环形断面的钢管，其中主要有方形管、矩形管、椭圆管、扁形管、平行四边形管、多层管等。

图9-3	图9-4
图9-5	图9-6
图9-7	图9-8

1）规格表示。角钢的规格以边宽×边宽×边厚来表示，如∠40mm×40mm×4mm，即表示边宽为40mm、边厚为4mm的等边角钢，或∠4号。

2）不等边角钢。不等边角钢是指断面为角形且两边长不相等的钢材，它的截面高度按不等边角钢的长边宽来计算，其边长为25mm×16mm～200mm×125mm，由热轧机轧制而成，一般不等边角钢规格为∠50×32～200×125，厚度为4～18mm。

3）价格和应用。在装修中，角钢主要用于大型家具、楼梯、雨篷、吊顶、电器设备等大型构造的支撑构件，或配合槽钢、工字钢作为局部承载补充。角钢除了上述截面规格外，长度与价格与工字钢一致。

（4）钢管。钢管是一种中心镂空的型钢，用钢管制造结构网架、支柱、支架等，可以减轻自身重量，从而降低建造成本，钢管可以代替部分钢材。

1）分类。钢管按生产方法可分无缝钢管与有缝钢管两大类。无缝钢管是中空截面、周边没有接缝的长条钢材；有缝钢管又称为焊接钢管，简称焊管，是用钢板或钢带经卷曲后焊接而成的钢管（图9-5、图9-6）。钢管按横截面积形状的不同可分为圆形钢管与异形钢管（图9-7、图9-8）。

图9-9 沸腾热轧钢板

沸腾热轧钢板规格较多，一般厚度2~240mm，宽度1250~2500mm，长度3~12m，在高层建筑中不宜大面积使用，以免给建筑增加负担。

图9-10 伪劣钢管

伪劣型钢的材质不均匀且杂质多，型钢轧辊后易产生结疤、裂纹，表面有毛刺现象，其表面会呈淡红色或类似生铁颜色。

图9-11 轻钢龙骨吊顶

轻钢龙骨可以安装各种面板，配以不同材质、不同花色的罩面板，如石膏板、吊顶扣板等，一般可用于室内主体隔墙与大型吊顶的龙骨支架。

图9-12 U形龙骨

38系列的U形龙骨适用于吊点距离0.8~1.0m不上人吊顶；50系列适用于吊点距离0.8~1.2m不上人吊顶，但其主龙骨可承受80kg的检修荷载；60系列适用于吊点距离0.8~1.2m不上人型或上人型吊顶，主龙骨可承受100kg检修荷载。

图9-13 C形龙骨

C形龙骨的凸出端头没有U形龙骨的收口转角造型，承载的强度较低，但价格相对便宜，且用量较大，具体规格与U形龙骨配套。

图9-9		
图9-10		
图9-11	图9-12	图9-13

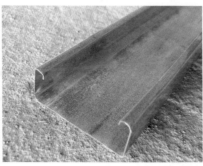

2）价格和应用。在装修中，钢管一般用于辅助架空楼板的横梁，悬挑楼板的挑梁，重型家具、构造的支撑构件，钢管主要辅助工字钢、槽钢制作构造，钢管的长度和价格与工字钢一致。

（5）钢板。钢板又称为薄钢，是呈板状且外观为矩形的型钢，可直接轧制或由宽钢带剪切而成。

1）规格。钢板按厚度可分为薄钢板（<4mm）、厚钢板（4~60mm）、特厚钢板（60~115mm）。薄钢板的宽度为500~1500mm，厚钢板的宽度为600~3000mm。钢板的规格也可以根据厚度来标识，如厚20mm的钢板即为20号。

2）分类。钢板按轧制分热轧与冷轧两种，在装修中应用较多的是热轧钢板，一般配合工字钢、槽钢作制作构造，可以起到围合、封闭、承托的作用（图9-9）。

4. 识别选购

（1）注意观察型钢表面，如有麻面现象，则是由于生产机械磨损严重引起钢材表面不规则凹凸不平的缺陷。

（2）型钢表面一般要求不能存在分层、结疤、裂缝等有害缺陷，关注尺寸、外形、重量及允许偏差，型钢通常按长度定价，长度允许偏差应不大于50mm。型钢端部应裁切平直，局部变形应不影响使用（图9-10）。

二、轻钢

1. 定义

轻钢是相对型钢而言的金属材料，又称为冷弯型钢，主要采用较薄的钢板或钢带冷弯成型制成，最常用的就是轻钢龙骨与钢丝。

2. 分类

（1）轻钢龙骨。轻钢龙骨是采用冷轧钢板（带）、镀锌钢板（带）或彩色涂层钢板（带）由特制轧机以多道工序轧制而成，它具有强度高、耐火性好、安装简易、实用性强等优点（图9-11）。

1）U形龙骨。U形龙骨是指截面形状类似英文大写字母U的轻钢龙骨，吊顶U形轻钢龙骨有38、50、60三种不同的系列，而隔墙U形轻钢龙骨有50、70、100三种系列，可对应不同使用强度，龙骨的承重能力与龙骨的壁厚大小及吊杆粗细有关（图9-12）。

2）C形龙骨。C形龙骨是指截面形状类似英文大写字母C的轻钢龙骨，主要配合U形龙骨使用，作为覆面龙骨使用（图9-13）。

图9-14 | 图9-15 | 图9-16

图9-14 T形龙骨

T形龙骨的造型可根据吊顶板材来定制，主要有扣接龙骨与插接龙骨两种，适用于不同吊顶板材。

图9-15 绑扎钢丝

绑扎钢丝是装饰施工中的辅助材料，主要用于金属材料之间的绑扎连接，如型钢在焊接之前先绑扎固定，才能进行精确焊接。

图9-16 钢丝网

钢丝网整体宽度为0.9~3m，长度为10m/卷，规格为10mm×10mm×1.5mm的镀锌钢丝网，价格为15~20元/m²。

3）T形龙骨。T形龙骨是指截面形状类似英文大写字母T的轻钢龙骨，又称为三角龙骨，自身总量（包括零配件）为1.5kg/m²左右，只作为吊顶专用（图9-14）。

4）规格和价格。吊顶龙骨与吊顶板材组成300mm×300mm、600mm×600mm等规格的方格，主要用于室内隔墙、吊顶，可按设计需要灵活布置选用饰面材料。轻钢龙骨的长度主要有3m与6m两种，特殊尺寸可以定制生产，价格根据具体型号来定，一般为5~10元/m。

5）选购。选购时应注意外观质量，龙骨外形要平整，棱角清晰，切口不允许有影响使用的毛刺与变形，镀锌层不许起皮、脱落。优质产品无腐蚀、损伤、黑斑、麻点等缺陷，龙骨表面应镀锌防锈。

（2）钢丝。钢丝是用低碳钢或不锈钢拉制成的金属丝，将炽热的金属坯轧成钢条，再将其拉成不同直径的线材，钢丝生产工艺简单、应用广泛，目前用于装修的钢丝主要有绑扎钢丝与钢丝网。钢丝的规格为φ1~φ4，长度为10~50m/卷，φ1.5的普通钢丝价格为0.5元/m。

1）绑扎钢丝。绑扎钢丝主要用于金属及木质材料固定绑扎，固定作用良好，且施工方法简单，无需采用特殊工具、设备（图9-15）。

2）钢丝网。钢丝网是用各种钢丝编织或焊接成网状材料的总称，主要用于墙、地面等的基层铺装，能有效防止水泥砂浆、混凝土等材料表面开裂，起到骨架支撑作用（图9-16）。

3）选购。注意钢丝的镀锌量，一般应选用热镀锌产品，对于钢丝网而言，先焊后镀要比先镀后焊质量好，由此可以观察钢丝网的交错部位，还可以采用360号砂纸打磨钢丝网表面，如果能轻松磨掉镀锌层则说明质量一般。

★ 小贴士

轻钢龙骨在梁上吊挂杆件

（1）吊挂杆件应通直并有足够的承载能力。当预埋的杆件需要接长时，必须搭接焊牢，焊缝要均匀饱满。

（2）吊杆距主龙骨端部距离不得超过300mm，否则应增加吊杆。

（3）吊顶灯具、风口及检修口等应设附加吊杆。

三、门窗型材

1. 塑钢门窗

（1）定义。塑钢门窗是采用硬质聚氯乙烯树脂（UPVC）为主要原料，加上稳定剂、着色剂、填充剂、紫外线吸收剂等，经挤出成型材后通过切割、焊接或螺接的方式制成门窗框扇，装配上密封胶条、毛条、五金件等配件而制成的门窗（图9-17）。

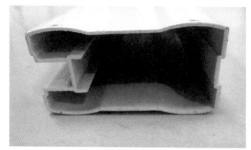

（2）特质。塑钢门窗为多腔式结构,具有良好的隔热性能,其传热性能甚小,具有良好的保温效果与耐腐蚀性能,质地细密平滑,质量内外一致,无须进行表面特殊处理（图9-18）。

（3）规格和价格。塑钢门窗一般用于建筑外墙制作,或用于空间分隔、围合,以5mm厚的普通玻璃为例,塑钢门窗价格为150～200元/m²。

（4）选购。选购时观察塑钢骨架表面,应光滑平整,无开焊断裂,外观应具有完整的剖面;优质塑钢型材为青白色,雪白的型材防晒能力差,老化速度也快,门窗配套玻璃不能直接接触型材,五金件应配套齐全,位置正确,安装牢固,使用灵活。

2. 铝合金门窗

（1）定义。铝合金门窗是指采用铝合金挤压型材为框、梃、扇料制作的门窗,简称铝门窗。铝合金门窗的设计、安装形式与塑钢门窗一致,只是材质改为铝合金,其中无须加强筋,结构更简单（图9-19）。

（2）特色。防铝合金门窗一般用于建筑外墙门窗制作,或用于空间分隔、围合,可以采用无地轨道设计,吊轮采用高强度优质滑轮,滑动自如、静音顺滑（图9-20）。

（3）价格。以5mm厚的普通玻璃为例,铝合金门窗价格为250～400元/m²。

（4）选购。选购时应测量厚度,优质铝合金门窗所用的铝型材壁厚应不小于1.4mm。同一根铝合金型材色泽应一致,表面应无凹陷、鼓出、气泡、灰渣、裂纹、毛刺、起皮等明显缺陷,采用360号砂纸打磨,看其表面的氧化膜是否会轻易褪色。

第二节　五金配件

五金配件在装修中能起到很好的装饰作用,但是五金配件的品种丰富,材质多样,既要辨清功能,又要关注质量。

一、钉子

在现代装修中，钉子的品种越来越多，已经超越了传统的使用范围，涉及了装修全过程，尤其是在基础工程与安装工程中显得特别重要。

1. 圆钉

（1）定义。圆钉又称为铁钉、木工钉，是最传统的钉子，以热轧低碳盘条冷拔成的钢丝为主要原料，经制钉机加工而成，主要用于固定或连接木质材料（图9-21）。

（2）规格和价格。盒装圆钉净重约0.45kg，价格为3～5元/盒。此外，为了防止传统铁质圆钉生锈，现在也可以选用不锈钢圆钉，但价格要高一倍。

（3）选购。选购时，注意包装盒内侧应覆有塑料薄膜，或采用塑料包装，圆钉表面应该略有油脂用于防锈，色泽应该光亮晶莹，不能有红色或褐色油迹；还可观察多枚圆钉的钉尖形态是否一致，用手指触摸感受是否具有较强的扎刺感。

2. 水泥钉

（1）定义。水泥钉又称为钢钉，采用碳素钢生产，质地较硬，穿凿能力很强，当遇到普通圆钉难以钉入的界面时，选用水泥钉可以轻松钉入（图9-22、图9-23）。

（2）价格和应用。水泥钉一般用于砖砌隔墙、硬质木料、石膏板等界面的安装，但是对于混凝土的穿透力不太大。常规水泥钉的规格为ϕ1.8～ϕ4.6，长度20～125mm不等，价格要比圆钉高1.5～2倍。

（3）选购。水泥钉的选购方法与圆钉类似，但是尖头一般不太锐利，且锥角没有圆钉锐利，鉴别方法是将其钉入实心砖墙会非常轻松，钉入混凝土墙体稍费力，劣质产品钉入混凝土墙体会感到阻力很大，甚至发生弯曲。

3. 射钉

（1）定义。射钉又称为专用水泥钢钉，由高强度钢材制作，相对于常规圆钉、水泥钉而言质地更坚硬（图9-24）。

图9-21 | 图9-22
图9-23 | 图9-24

图9-21 普通圆钉

市场上销售的圆钉有散装与盒装两种形式，散装圆钉容易生锈，不易保存，但是价格较低，适用于即买即用。

图9-22 水泥钉

水泥钉硬度很大，钉杆有滑竿、直纹、斜纹及竹节等多种，直纹或滑竿比较常见。

图9-23 水泥钉管线卡

水泥钉还有配套的塑料卡件，主要用于固定各种线管。

图9-24 射钉

射钉可以钉入实心砖墙或混凝土构造，甚至能射穿8~12mm厚的钢板，射钉顶杆可以弯曲60°～90°不断裂。

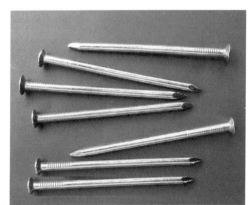

图9-25 射钉枪
为了提高施工效率与钉入的准确性，射钉还会使用火药射钉枪发射，射钉枪射程远，威力大。

图9-26 地板钉
地板钉专用于需架设木龙骨的实木地板、竹地板安装。

图9-27 气排钉
气排钉是木质工程的主要辅材，用于钉制各种板式家具部件、实木封边条、实木框架、实木或石膏板等，每个气排钉之间使用胶水连接，类似于订书钉。

图9-28 气钉枪
气排钉经气钉枪钉入木材中而不漏痕迹，不影响木材继续刨削加工及表面美观，且钉接速度快，质量好。

图9-29 螺钉
螺钉可以使木质材料之间衔接更紧密，不易松动脱落，也可以用于金属与木材、塑料与木材、金属与塑料等不同材料之间的连接。

图9-30 自攻螺钉
自攻螺钉也被称为快牙螺丝，多用于比较薄的金属板之间的连接，表面硬度高，芯部韧性好。

图9-25	图9-26	图9-27
图9-28	图9-29	图9-30

（2）特色。射钉后部带有塑料圈，其直径一般应大于射钉枪钉管口径，垫圈能使钉子的轴心线与钉管的轴心线基本重合，提高射击强度。

（3）应用。装修中，射钉主要用于固定承重力量较大的装饰结构，既可以使用铁锤钉入，又可以使用火药射钉枪发射（图9-25）。

（4）规格和价格。射钉的规格全部统一，钉杆ϕ3.5，长度规格为PS27、PS32、PS37、PS42、PS52等。以PS37射钉为例，长度为37mm，价格为5~6元/盒，每盒100枚。

4. 地板钉

（1）定义。地板钉又称为麻花钉，是在常规圆钉的基础上，将钉子的杆身加工成较圆滑的螺旋状，增强钉入的摩擦力（图9-26）。

（2）规格和价格。常规地板钉多为镀锌铁钉、镀铜铁钉，高档产品为不锈钢钉，地板钉规格为ϕ2.1~ϕ4.1，长度38~100mm不等，其中长度38mm与50mm的地板钉最常用。地板钉的价格与普通圆钉相当，不锈钢产品的价格仍要高一倍。

5. 气排钉

（1）定义。气排钉又称为气枪钉，材质与普通圆钉相同，是装修气钉枪的专用材料，气排钉由气钉枪通过空气压缩机加大气压推动发射，其隔空射程可达20m以上（图9-27、图9-28）。

（2）规格和价格。气排钉常用长度规格为10~50mm不等，产品包装以盒为单位，标准包装每盒5000枚，价格根据长度规格而不等，常用25mm长的气排钉价格为6~8元/盒。

二、螺丝

螺丝主要包括螺钉与膨胀螺栓，是现代装修必备的基础辅材，主要依靠自身螺纹逐渐加固材料，具有连接力度大、构造稳定等优势。

1. 螺钉

（1）定义。螺钉是头部具有螺纹的紧固件，钉头开十字凹槽、一字槽、内三角槽、内角四方等槽型，施工时需要配合使用各种形状的螺丝刀，能应用到各个行业（图9-29、图9-30）。

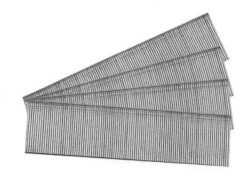

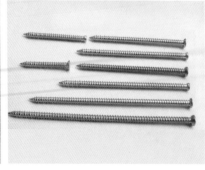

图9-31 膨胀螺栓

膨胀螺栓可用于重型材料的关键部位固定，其固定原理是利用套管扩张来促使膨胀产生摩擦力，达到固定效果。

图9-32 膨胀螺栓构造

膨胀螺栓主要由螺栓、套管、平垫圈、弹簧垫圈及六角螺母5大构件组成，一般采用铜、铁、铝合金金属制造，体量较大。

图9-33 柜门拉手

高档铝合金拉手要经过电镀、喷漆或烤漆工艺，具有良好的耐磨与防腐蚀作用，一般拉手要能承受不小于6kg的拉力。

图9-34 柜门拉手样式

制作家具拉手的材质多种多样，拉手的样式随着科技的进步也越来越丰富。

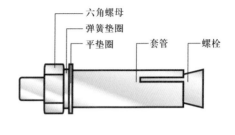

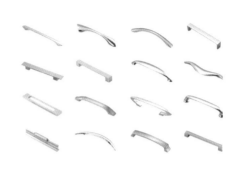

图9-31	图9-32
图9-33	图9-34

（2）应用。螺钉主要用于板材、家具零部件装配，应根据使用要求选用适合的样式与规格。

（3）规格和价格。螺钉的常用长度规格为10～120mm不等，其中每增加5～10mm为一个单位型号。螺钉销售仍以盒为单位，具体价格根据规格而不同，一般多为5～10元/盒，根据不同规格每盒10～100枚不等，如果条件允许，可以选用不锈钢螺钉，强度与防锈性能都要高很多，价格比传统螺钉贵1.5～2倍。螺钉的选购方法与普通圆钉类似，但是螺钉的形态应该更加精致。

2. 膨胀螺栓

（1）定义。膨胀螺栓又称为膨胀螺丝，是将重型家具、构造、设备、器械等物件安装或固定在墙面、楼板、梁柱上所用的特殊螺丝连接件（图9-31、图9-32）。

（2）规格和价格。膨胀螺栓常用的长度规格主要为30～180mm不等，每增加5～10mm为1个单位型号，价格根据不同规格差距很大，如常用的长80mm、φ8的膨胀螺栓，价格为1元/枚左右，不锈钢产品价格要贵2倍。

三、拉手

1. 定义

拉手是安装在门窗或抽屉上便于用手开关的五金件，方便操纵（开、关、吊）门窗或抽屉的用具，在装修中主要用于家具、门窗的开关部位（图9-33、图9-34）。

2. 选购

选购拉手时，要特别注意观察拉手的面层色泽及保护膜，有无破损及划痕，在安装各种不同样式的拉手时，需要使用不同规格直径的电钻头事先钻孔。

四、铰链

铰链又称为合页，是用来连接两个构件，并能让两者进行转动的装置，用于普通门扇的为轻薄型铰链，分为家具铰链与门扇铰链两种。

1. 家具铰链

在装修中使用最多的家具铰链是家具体与柜门之间的铰链，又称为烟斗铰链，一般要求安装板材的厚度为16～20mm不等，中档家具铰链价格为3～5元/个（图9-35、图9-36）。

2. 门扇铰链

门扇铰链主要用于门、窗扇，材质有铁、铜与不锈钢等多种，其中以不锈钢为佳。中档门扇铰链价格为20～30元/套（图9-37、图9-38）。

五、滑轨

滑轨为装修家具的配套产品，主要分为轨道与滚轮两部分，两者既有分离，又有合并，是抽屉、柜门、房门等构造的开关装置。

1. 抽屉滑轨

定义。抽屉滑轨用于各种家具抽屉的开关活动，多使用优质铝合金、不锈钢制作。抽屉滑轨由动轨与定轨组成，分别安装于抽屉与柜体内侧两处（图9-39、图9-40）。

图9-35 家具铰链

铰链材质有镀锌铁、锌合金，一般弹簧铰链附有调节螺钉，可以上下、左右调节板的高度、厚度，能根据空间，配合柜门开启角度。

图9-36 家具铰链安装

家具铰链安装有不同的开合程度，除完全开启90°～115°外，30°、45°、60°等均有锁定点，这也使得各种柜门有相应的伸展度。

图9-37 门扇铰链

用于防盗门的扇面铰链还有轴承型产品，现在以选用铜质轴承铰链较多，式样美观、亮丽，价格适中，并配备螺钉。

图9-38 门扇铰链样式

门扇铰链的外观规格标准为100mm×30mm与100mm×40mm，中轴11～13mm，合页壁厚为2.5～3mm。

图9-39 滚珠滑轨

新型滚珠抽屉导轨分为二节轨和三节轨两种，目前应用频率较高。

图9-40 抽屉滑轨

抽屉滑轨常用规格长度为300～550mm，价格为10～50元/套。

图9-35	图9-36
图9-37	图9-38
图9-39	图9-40

2. 推拉门滑轨

（1）定义。推拉门滑轨是带凹槽的导轨，主要用于推拉门、窗扇的开关运动（图9-41）。

（2）特色。推拉门滑轨是由滑轨道与滑轮组合安装于门窗上方的活动构件，滑轨道厚重，滑轮粗大，可以承载各种材质门窗扇的重量。

第三节　五金型材施工

一、金属型材施工

金属型材施工比较复杂，关键在于材料的切割、加工不易，加上型材价格较高，要注意避免浪费。

1. 型钢楼板施工

型钢楼板是指采用各种样式、规格的型钢与辅材制作的架空楼板，同时这类施工也适用于型钢楼梯、雨篷等相关施工构造。

（1）施工方法。首先，清理施工现场，根据使用要求选择相关规格的型钢材料，并参考设计图纸放线定位；然后，裁切下料，根据设计要求预安装，确定无误后再焊接、铆接；接着挫平凸出焊接点，并涂刷防锈漆；最后，安装护栏、扶手、外部装饰构造，并作清洁养护（图9-42～图9-44）。

（2）施工要点。钢结构的施工需要十分谨慎，施工时有诸多方面需要仔细考虑后才可进行工作。型钢规格选用应该与使用要求相关，立柱一般可选用25号工字钢，间隔3.6～4.8m设置1根，主跨度用的材料可以采用18～25号工字钢。如果周边墙体是实墙或是承重墙，可以直接在承重墙上按照型钢的横截面尺寸，开凿180～250mm深的孔洞，将钢梁直接埋入孔内。如果周边墙体是普通墙体或非承重墙，可以在墙体内开出立槽，在槽内预埋进10号或1号方钢，方钢接近于地面的底部，必须使用10mm厚的钢板，切割成180mm×180mm的底板，进行焊接。采用

6号角钢继续焊接在槽形钢上，即完成整个钢结构楼板骨架层构造，楼板地面可以用18mm厚优质木芯板或实木板，用螺丝直接固定在6号角钢上，作为架空楼板的基层（图9-45）。

2. 轻钢龙骨吊顶施工

轻钢龙骨吊顶主要是指采用石膏板、胶合板、扣板等板材制作的吊顶，吊顶上附有各种灯具、设备，且外观能与吊顶板材平齐安装（图9-46、图9-47）。

（1）施工方法。轻钢龙骨吊顶施工需要考虑到施工后的牢固性及施工面的完整性，因此施工时需要提前预想可能会出现的问题。首先，在顶面放线定位，根据设计造型在顶面、墙面钻孔，放置预埋件；然后，安装吊杆于预埋件上，并在地面或操作台上安装龙骨架；接着，将龙骨架挂接在吊杆上，固定后调整水平；最后，在龙骨上钉接石膏板、胶合板，或安装扣板，并对外露钉头作防锈处理，全面检查（图9-48、图9-49）。

（2）施工要点。施工时需注意顶面与墙面上都应放线定位，分别弹出标高线、造型位置线、吊挂点布局线和灯具安装位置线；在墙的两端固定压线条，用水泥钉与墙面固定牢固，如需制作弧线造型，仍要使用木龙骨配合，且龙骨骨架在顶、墙面都必须有固定件等。

图9-45 钢结构楼板示意图

根据示意图可以清楚地了解到钢架层中间的副梁，可以选用10～15号槽钢，呈井格状焊接，间隙要控制在600～800mm之间。

图9-46 轻钢龙骨石膏板吊顶

轻钢龙骨石膏板是一种石膏板与轻钢龙骨相结合的龙骨板，由此制作的吊顶具有比较好的性能。

图9-47 轻钢龙骨矿棉板吊顶

轻钢龙骨矿棉板吊顶安装时注意罩面板应无脱层、翘曲、折裂及缺棱掉角等缺陷，安装必须牢固。

图9-48 矿棉板吊顶构造示意图

以矿棉板吊顶构造示意图为施工依据，再配合精湛的施工工艺，最后得到的施工效果十分不错。但要注意面板安装前应对安装完的龙骨与面板板材进行检查，确保板面平整，无凹凸，无断裂，边角整齐。

图9-49 石膏板吊顶构造示意图

石膏板吊顶构造示意图绘制出了施工时所要注意的细节部位，在具体施工时，板材与墙面应该完全吻合，有装饰角线的可留有缝隙，板材间接缝应紧密，同时还应在安装饰面板时预留出灯口位置。

图9-45	
图9-46	图9-47
图9-48	图9-49

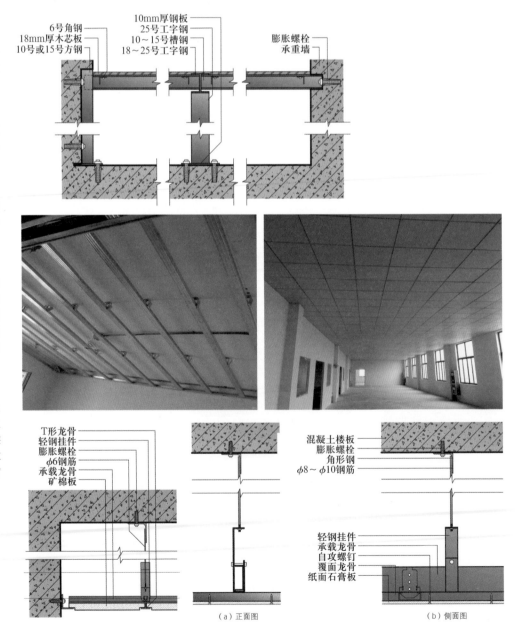

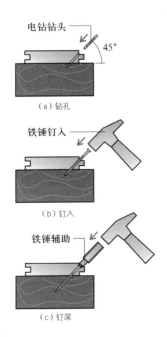

（a）钻孔

（b）钉入

（c）钉深

图9-50 地板钉施工方法

地板钉施工前需要定位，并提前控制好孔距大小，使用电钻钻孔时要倾斜45°钉孔，地板钉钉入后要用铁锤进行表面加固处理，并保证地板面的平整度。

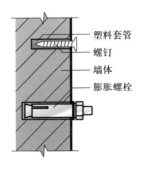

图9-51 螺钉与膨胀螺栓安装构造示意图

插入膨胀螺栓后，还需用扳手将尾部螺帽拧紧，膨胀螺栓的最终固定方向应与界面呈90°垂直。

二、五金配件固定施工

1. 施工方法

首先，根据安装、固定对象选择合适的钉子、螺钉、工具，一般选用产品配套五金件；然后，将固定基层表面处理干净，估测固定效果；接着，使用专用工具禁锢钉子、螺钉，将五金配件禁锢；最后，对钉子、螺钉等表面进行必要防锈、装饰处理（图9-50）。

2. 施工要点

钉子一般采用锤子、气钉枪实施，用锤子敲击要注意力度，可分3次钉入。气钉枪需要连接空气压缩机，施工效率高，但是要注意安全，螺钉应采用螺钉刀或带有螺丝刀头的电钻实施，电钻转入螺钉的速度要慢，避免用力过大而破坏固定基层材料。膨胀螺栓用于自重较大的五金件，如吊顶、吊灯、壁挂构造等，先用与膨胀螺栓规格相当的钻头在界面上钻孔，孔深应与膨胀螺栓全长相当（图9-51）。

★ 小贴士

电焊条

电焊条主要由金属焊芯与涂料（药皮）构成，是在低碳钢丝外将涂料（药皮）均匀、向心地压涂在焊芯上。电焊条在焊接时，焊芯主要用于传导焊接电流，产生电弧把电能转换成热能，此外，焊芯本身熔化作为填充金属与液体母材金属熔合形成焊缝。

本章小结：

随着大家对生活的新要求，装潢五金能不断满足消费者日益更换的消费心理。五金型材种类包括五金制成的机器零件或部件，以及一些小五金制品。它可以单独用途，也可以做协助用具。例如五金工具、五金零部件、日用五金、建筑五金及安防用品等。小五金产品大都不是最终消费品。而是作为工业制造的配套产品、半成品及生产过程所用工具等，只有一小部分日用五金产品是人们生活必需的工具类消费品。

参考文献

[1]（美）布莱尼•布朗内尔. 建筑、室内设计创新材料应用[M]. 北京：中国电力出版社，2007.

[2]（瑞士）盖格. 建筑装饰材料[M]. 北京：中国青年出版社，2012.

[3] 李继业，夏丽君，等. 建筑装饰材料速查手册[M]. 北京：中国建筑工业出版社，2016.

[4] 杜丙旭，李婵. 室内装饰设计[M]. 沈阳：辽宁科学技术出版社，2016.

[5] 李继业. 新编建筑装饰材料实用手册[M]. 北京：化学工业出版社，2012.

[6] 杨东江，杨宇. 装饰材料设计与应用[M]. 沈阳：辽宁美术出版社，2015.

[7] 齐景华. 建筑装饰施工技术[M]. 北京：北京理工大学出版社，2015.

[8] 杨栋. 室内装饰施工与管理[M]. 南京：东南大学出版社，2005.

[9] 苗壮. 室内装饰材料与施工[M]. 哈尔滨：哈尔滨工业大学出版社，2000.

[10] 业之峰装饰. 室内装饰施工工艺图解[M]. 沈阳：辽宁科学技术出版社，2013.

[11] 阚俊莹. 装饰施工[M]. 北京：水利水电出版社，2014.

[12]（日）林直树. 旧房改造实战指南[M]. 武汉：华中科技大学出版社，2016.

[13] 杨东江，杨宇. 装饰材料设计与应用[M]. 沈阳：辽宁美术出版社，2015.

[14] 陈亮奎. 装饰材料与施工工艺[M]. 北京：中国劳动社会保障出版社，2014.

[15] 石珍. 建筑装饰材料图鉴大全[M]. 上海：上海科学技术出版社，2012.

[16] 林皎皎. 重新装修我的家[M]. 福建：福建科技出版社，2012.

[17] 田原，杨冬丹. 装饰材料设计与应用[M]. 北京：中国建筑工业出版社，2006.

[18] 杨天佑. 建筑装饰工程施工[M]. 北京：中国建筑工业出版社，2003.